有机硅酸盐聚合物抑制剂研发与钻井液体系构建

张　帆◎著

U0264151

中国石化出版社

·北京·

内 容 提 要

　　本书主要介绍了水基钻井液泥页岩水化抑制剂概况、作用机理及其技术发展现状，包括泥页岩理化性能及水化机理基础理论、抗高温强抑制水基钻井液及页岩水化抑制剂基础理论、抗高温强抑制有机硅酸盐聚合物（ADMOS）研发、ADMOS作用机理、ADMOS水基钻井液体系构建及综合性能评价等。

　　本书可供从事钻井液研究的技术人员和科研人员使用，也可供高等院校石油工程、油田化学等相关专业的师生阅读和参考。

图书在版编目（CIP）数据

　　有机硅酸盐聚合物抑制剂研发与钻井液体系构建 /
张帆著 . —北京 ：中国石化出版社，2023.8
　　ISBN 978-7-5114-7224-3

　　Ⅰ.①有… Ⅱ.①张… Ⅲ.①油气钻井–水基钻井液
–抑制剂–研究 Ⅳ.①TE254

中国国家版本馆 CIP 数据核字（2023）第 153661 号

中国石化出版社出版发行
地址:北京市东城区安定门外大街 58 号
邮编:100011 电话:(010)57512446
发行部电话:(010)57512575
http://www.sinopec-press.com
E-mail:press@ sinopec.com
北京科信印刷有限公司印刷
全国各地新华书店经销

*

710 毫米×1000 毫米 16 开本 7.75 印张 144 千字
2024 年 4 月第 1 版　2024 年 4 月第 1 次印刷
定价:46.00 元

前言
PREFACE

在钻井作业过程中，地层中的黏土颗粒与水基钻井液接触时发生水化膨胀或分散，压力通过裂隙传递并导致井壁岩石崩解和坍塌，这是造成井壁失稳的重要因素。通过向钻井液体系中加入处理剂增强其抑制性和封堵能力，是维持井壁稳定的主要途径之一。

随着我国对石油和天然气能源需求的快速增长以及浅层油气资源的日趋枯竭，高效开发深层、超深层油气资源已成为增加能源储备、缓解能源紧缺、保障能源安全和可持续发展的战略选择。与常规油气藏相比，深部油气储层(垂深>4500m)的典型特征之一是高温或超高温(温度在180～260℃)，作业条件更为苛刻，井壁维护更加复杂、困难：井下高温导致钻井液性能发生较大变化，严重时甚至造成钻井作业无法正常进行，仅仅依靠常规处理剂来调整钻井液性能参数很难解决深部地层井壁失稳难题。井壁稳定是钻井成功的关键，利用钻井液处理剂与井壁黏土矿物吸附成膜来维持井壁稳定已广泛运用在钻井实践中。随着钻井深度的增加，高温导致的钻井液处理剂解吸附难题越发凸显，因此研发超高温水基钻井液体系成为高效开发深部油气资源的迫切要求之一。为此，国内外科研人员围绕提高造浆黏土高温稳定性和处理剂高温稳定性两个方面进行了大量研究，但目前由于处理剂抗高温极限值与设计值存在一定差距，导致无法突破钻井液高温失效这一技术瓶颈。究其原因，主要是导致钻井液高温失效的深层次科学问题尚未被充分认识：关于高温对处理剂与黏土相互作用的影响机制，尚缺乏深入研究，目前开展的研究均未充分考虑工作介质对处理剂与黏土吸附/解吸附作用的影响，现有钻井液处理剂吸附介质发生解吸附与井壁围岩中的黏土颗粒水化两种作用的叠加，导致钻井液性能恶化，从而引发井壁失稳。在此，本书从微观角度出发，对抗高温强抑制性水基钻井液中抑制剂和成膜剂的作用进行了界定，并将前期有关抗高温强抑制性水基钻井液技术、水基钻井液成膜剂和页岩抑制剂相关研究成果与应用进行了整理、归纳和总结，目的是为从事抗高温强抑制性水基钻井液及页岩抑制剂的研究人员和相关生产技术人员提供一些参考。

笔者希望广大读者阅读本书后，能够熟悉并掌握抗高温强抑制性水基钻井液技术的理论及研究方法，进而更深入地研究和应用抗高温强抑制性水基钻井液技术，并在钻井作业中不断论证、完善和提高。

本书由西安石油大学优秀学术著作出版基金资助出版。全书共分为5章，由西安石油大学张帆编写。在本书编写过程中，得到了中国工程院孙金声院士、中国石油大学(华东)石油工程学院吕开河教授、西安石油大学石油工程学院李琪教授等的指导和帮助，在此表示衷心的感谢！

需要指出的是，水基钻井液成膜剂和泥页岩水化抑制剂涉及化学、物理和数学等多学科、多领域，知识覆盖面极其广泛，而笔者的研究经历和知识储备有限，书中难免存在不足之处，敬请广大读者批评指正。

目 录
CONTENTS

I

第1章 概　　述

1.1　水基钻井液成膜技术

　　井壁稳定控制方法侧重于通过增强钻井液体系的抑制性和封堵能力来防止渗透水化和封堵微裂缝，而对于提高井壁岩石内聚强度、增强岩石胶结力、抑制表面水化、封堵纳米孔隙阻止压力传递等方法研究较少。因此，在石油工程领域，科研人员研发了水基钻井液成膜技术(图1-1)，该技术的核心是通过向水基钻井液体系中加入具有成膜性能的处理剂，使钻井液能够在泥页岩等强水敏性地层中或微裂隙孔壁上形成一种高质量的膜，实现封堵孔隙、减弱或阻止水相侵入地层，维持井壁稳定的目的。

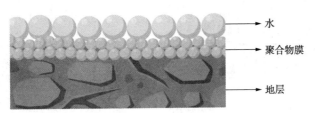

图1-1　水基钻井液成膜技术稳定井壁示意图

　　1952年，Staverman首次提出了泥页岩成膜效率这一概念，并通过建立泥页岩成膜反射系数模型发现渗透压值在很大程度上取决于膜相对于溶液的渗透性。Low、Marine和Ballard等分别通过实验研究了泥页岩水化对井眼周围应力分布和泥页岩强度的影响，提出了活度平衡理论。在此基础上，Oort、Ewy、Mody和Schlemmer等通过压力传递实验测定了泥页岩成膜效率，证明了井壁泥页岩是一种具有选择透过性的非理想半透膜，可以作为钻井施工中地层流体与井筒工作液之间的隔离相。由于泥页岩本身的渗透率很低，一般的水基钻井液很难在井壁上形成滤饼，水分子通过扩散作用进入岩石引起孔隙压力扩散，造成井壁失稳，通过调控钻井液与地层泥页岩之间的物理封堵和化学胶结作用，提高井壁围岩微观结构的致密程度，降低孔隙度和渗透率，可以有效提高泥页岩成膜效率。以上水基钻井液成膜技术理论都是建立在半透膜基础之上的，2002年，Mody首次提出了隔离膜的概念：在泥页岩等强水敏性地层或微裂隙孔壁上形成完全隔离的理想膜结构，完全阻止滤液和固相进入地层，实现稳定甚至强化井壁的目的，水基钻井液成膜技术理论开始由半透膜观念向隔离膜观念发展。

基于水基钻井液成膜技术理论，国内外科研人员已经开发出大量成膜类水基钻井液处理剂：

（1）硅酸盐等无机材料能与井壁围岩中的钙离子、镁离子反应并产生沉淀，通过化学胶结作用显著提高了成膜效率。

（2）聚合物、聚胺抑制剂、纳米材料等能够通过物理、化学作用封堵泥页岩微孔隙（图1-2）。

（3）多元醇类处理剂能够通过"浊点效应"在特定温度下析出，从而在井壁围岩表面形成憎水分子膜。

（4）生物聚合物及其衍生物具有价格低廉、环境友好的特点。然而，目前大部分研究主要考虑成膜剂的抑制性能，而对成膜后对井壁性能的影响研究较少。主要表现为：缺乏对处理剂引起地层物理、化学性质变化的研究；缺乏对高温条件下处理剂成膜及吸附/解吸附机理的研究；未系统考虑处理剂与黏土吸附类型对钻井液抗高温性能的影响。

图1-2　BTM-2在井壁岩石表面成膜前后情况对比

1.2　水基钻井液高温性能

深井、超深井最大的特点是钻井液在施工过程中处于高温、高压条件下，对于水基钻井液而言，压力对钻井液性能的影响较小，而温度对钻井液中各种组分的物理、化学性质影响较大且十分复杂。在现有研究中，对水基钻井液高温失效的原因归纳为以下三个方面：

（1）高温对钻井液中黏土颗粒的影响：黏土颗粒在高温作用下发生分散、聚结和表面钝化，导致钻井液性能变差。

（2）高温对钻井液处理剂的影响：钻井液体系中的各类处理剂在高温下因发生降解、交联而失效，严重影响了钻井液性能。

（3）高温对处理剂与黏土相互作用的影响：在高温条件下，处理剂与黏土的吸附作用因分子热运动的加剧而减弱（高温解吸附）；黏土颗粒和处理剂分子中亲水基团的水化能力降低，水化膜变薄，导致处理剂的护胶能力变弱（高温去水化）。

为了强化水基钻井液的抗高温性能，国内外科研人员研制了大量的抗高温处理剂，建立起适用于各种地层和钻井工程要求的高温钻井液体系及应用工艺。可以分为以下两种技术路线：

第一种技术路线是以提高处理剂本身的高温稳定性为主攻方向，研制耐高温处理剂：①优化处理剂分子结构，在处理剂分子结构中引入功能性基团（如长链烷基、苯环等作为大侧基和刚性侧基），利用刚性侧链的空间位阻效应，增强主链刚性，避免在高温下发生聚合物卷曲失效；②采用改变处理剂聚集态（疏水缔合、静电作用、弱交联等）的手段提高材料热稳定性；③选用亲水性强的离子基作为水化基团（磺酸基、磺甲基、羧基等）和引入金属阳离子（Fe^{3+}、Cr^{3+}）作为吸附基团，避免在高温下发生聚合物降解。

第二种技术路线是从提高造浆黏土高温稳定性的思路出发，在钻井液体系中加入高温保护剂，稳定和提高黏土水化能力，防止黏土高温聚结、钝化。例如，利用聚合物护胶作用提高配浆黏土的高温稳定性；加入合成锂皂石等纳米材料，利用与膨润土的协同作用，避免钻井液中膨润土颗粒发生高温分散或高温聚结。

实践证明，上述技术路线在低于180℃条件下有效，但在工程实践中仍存在以下问题：随着井深增加，温度升高，作业时间延长，钻井液性能逐渐减弱。而井越深，钻井液性能变化越剧烈，变化速度也越快，从而导致了处理剂用量增多，钻井成本增加，技术难度增大。然而在实际应用时，钻井液体系抗高温性能与处理剂抗高温性能存在一定差异，目前有关高温对处理剂与黏土相互作用的影响研究还不深入，现有研究未充分考虑工作介质对处理剂与黏土相互作用的影响。现有处理剂与黏土相互作用方式可分为物理吸附（嵌入、插层、范德华力）和化学吸附（化学键）两类（表1-1），其中氢键、离子键都是通过静电作用成键的，与黏土相互作用在本质上均属于非共价键作用。在真空中，氢键作用能为 $8\sim30kJ\cdot mol^{-1}$，化学键（离子键、共价键）作用能为 $200\sim400kJ\cdot mol^{-1}$；在水溶液中，氢键作用能为 $1\sim4kJ\cdot mol^{-1}$，离子键作用能为 $3kJ\cdot mol^{-1}$，而对于一些特殊共价键（如硅氧键作用能为 $460kJ\cdot mol^{-1}$），在真空中和水溶液中测得键作用能基本保持不变。

在水基钻井液实际工作环境中，黏土表面存在的水化层和水溶液介质会大幅削弱非共价键作用能，导致处理剂与黏土发生高温解吸附。黏土属于可塑性颗粒状硅酸盐类材料，有机硅酸盐聚合物能够在黏土表面脱水缩合形成共价键。因此，从改变处理剂与黏土吸附方式的思路出发，提出利用共价键作用增强处理剂抗高温解吸附能力，进一步提高水基钻井液高温性能。

表 1-1　黏土水化处理剂作用机理与作用方式

处理剂	名　　称	作 用 机 理	作用方式
无机盐、有机盐	钠盐类、钾盐类、硅酸盐类、甲酸盐类	离子交换；压缩双电层；改变表面电性	嵌入、插层
聚醚胺、聚胺	阳离子化胺类、端胺基聚醚胺等	充填在黏土层间；吸附在黏土表面上或通过离子交换取代金属阳离子	氢键吸附或离子交换
天然改性材料	烷基糖苷、阳离子淀粉、阳离子纤维素等	通过羟基吸附在黏土表面上，减少渗透水化	氢键吸附
共聚物	阳离子聚合物、两性离子聚合物	通过功能性官能团吸附在黏土表面上或通过包被作用成膜疏水	氢键吸附、离子交换
聚合醇	聚乙二醇、聚丙二醇、聚氧乙烯等	发生"浊点效应"后吸附成膜，封堵页岩孔隙，减少渗透水化	氢键吸附、调节水活度

1.3　新型有机硅酸盐聚合物材料性能

高温对处理剂与黏土相互作用的影响在钻井液抗高温性能研究中异常重要，然而在现有研究中均未充分考虑水溶液介质对处理剂与黏土吸附/解吸附作用的影响。针对水基钻井液处理剂高温解吸附这一核心科学问题，科研人员提出利用共价键作用强化处理剂与黏土高温吸附稳定性的技术思路，通过改变处理剂与黏土吸附类型的途径来提高钻井液高温稳定性能(图 1-3)。

近年来，在电子芯片和耐高温涂料等耐高温材料领域初步应用了一种新型有机硅酸盐聚合物材料，但在钻井液研究领域少有报道。该类有机硅酸盐聚合物材料具有独特的分子结构，能够与可塑性颗粒状硅酸盐无机材料表面的羟基发生脱水缩合反应形成共价键，强化处理剂与黏土之间的抗高温解吸附效能，并形成隔离膜，实现稳定井壁的目的。科研人员在前期初步进行了实验探索，发现了有机硅酸盐聚合物分子链上的硅氧烷基团通过与井壁围岩黏土矿物表面的羟基共价成键，形成一种耐高温的外表面疏水的化学隔离膜，可同时起到抑制水化、降低滤失、封堵孔隙、防塌固壁等作用。但目前仍需要加强对上述内容的研究，原因是：①有机硅酸盐聚合物与黏土矿物吸附成膜机理仍不明确；②高温条件下，有机硅酸盐聚合物在井壁岩石表面的成膜疏水特性，以及与井壁稳定之间的相互关系仍未梳理清楚。

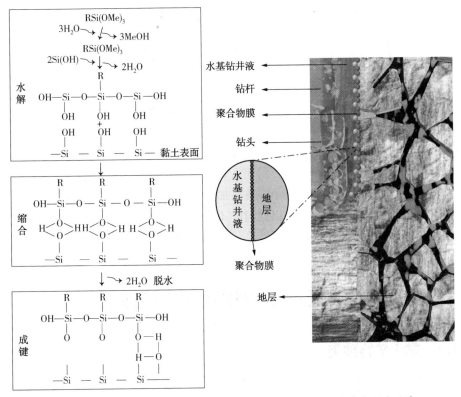

图1-3 有机硅酸盐聚合物通过共价键作用在井壁吸附成膜的理论思路

5

第 2 章 强抑制水基钻井液
及页岩水化抑制剂基础理论

黏土水化主要分为两种类型，分别是渗透水化和表面水化，二者在作用机理上存在一定的差异。对于渗透水化，黏土会吸附大量的水分子，此时的水化膨胀压较低；对于表面水化，黏土表面的水化膨胀压比较大，吸附的水分子层数最多为 4 层，水分子数量总体较少。有科研人员使用分子模拟手段对蒙脱石的水化作用过程进行了模拟，研究结果显示，在蒙脱石水化过程中吸附的水分子较少，且吸附的水分子层数仅为 1 层，所以此时并不存在渗透水化。从发生顺序上看，最先发生的是表面水化，如果始终保持在该阶段，而不发展到渗透水化阶段，则能够有效地抑制黏土水化，并改善井壁的稳定性。

2.1 泥页岩理化性能及水化机理基础理论

2.1.1 黏土矿物种类

研究表明，大部分黏土矿物为结晶质，以硅酸盐为主，包括两种类型的基本单元，它们分别是硅氧四面体和铝氧八面体(图 2-1)。其中，前者包括 1 个阳离子和 4 个配位氧原子(或氢氧原子团)，通过三个"共享角"与其他四面体相连，从而形成连续的二维六边形层，阳离子与各个氧原子的距离相等；后者包含 1 个阳离子与 6 个配位氧原子，并通过"共享边"与相邻八面体相连。二者含有的阳离子类型同样存在一定的差异，其中硅氧四面体中常见的阳离子是 Fe^{3+}、Al^{3+} 或 Si^{4+}；铝氧八面体中常见的阳离子是 Fe^{2+}、Fe^{3+}、Mg^{2+} 或 Al^{3+}。硅氧四面体和铝氧八面体通过特定的排列构成不同类型的黏土矿物。例如，黏土矿物由八面体层、四面体层组成，二者均为一层，为 1∶1 型黏土矿物。如果黏土矿物中含有八面体层、四面体层，并且二者的数量分别为 1 层、2 层，则前者位于后者之间的位置，由此形成了特殊的排列方式，将其定义为 2∶1 型黏土矿物。在研究中发现，层间阳离子种类是影响其交换能力的主要因素。2∶1 型黏土矿物阳离子交换能力较强，而相应的 1∶1 型黏土矿物阳离子交换能力较弱。

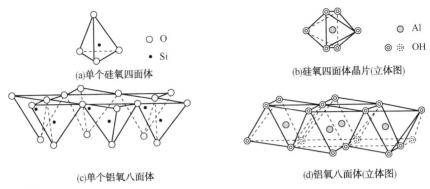

(a)单个硅氧四面体　　(b)硅氧四面体晶片(立体图)
(c)单个铝氧八面体　　(d)铝氧八面体(立体图)

图 2-1　硅氧四面体和铝氧八面体构造示意图

黏土矿物具有带负电的四面体层和八面体层，这是因为金属阳离子的同构取代作用造成的，如图 2-1 所示，对于硅氧四面体，其中的硅离子因同构取代作用被铁离子或者铝离子取代；对于铝氧八面体，其中的铝离子因同构取代作用被铁离子或镁离子取代。黏土矿物的理化性质与多种因素有关，包括阳离子交换能力、黏土矿物的形态、粒度、溶液的 pH 值、分散性、水化、聚集性质和膨胀特性等。例如，在 2∶1 型黏土矿物的组成中，在与大量中间层阳离子连接的层上含有大量负电荷，因此这些黏土矿物表现出强阳离子交换能力。在 pH 值为 7 的去离子水中，天然蒙脱石阳离子交换容量为 70~140mmol/100g，对应的各个晶胞带中的静电荷数目为 0.5~1 个。表 2-1 中列出了 3 种常见黏土矿物的主要特点。

表 2-1　3 种常见黏土矿物的主要特点

黏土矿物	蒙脱石	伊利石	高岭石
结晶型	2∶1	2∶1	1∶1
阳离子交换容量/(mmol/100g)	80~150	10~40	3~5
比表面积/(m²/g)	700	100	20
密度/(g/cm³)	2.0~2.7	2.6~2.9	2.5~2.7
膨胀率/%	90~100	2.5	<5
层间力类型	氢键力	范德华力	分子力、晶格固定
晶格间距/Å	9.6~21.4	10	7.2
晶格取代	几乎没有	有	有
电荷来源	晶体边缘断键	Mg^{2+} 或 Fe^{2+} 取代 Al^{3+}	Al^{3+} 取代 Si^{4+}
层间离子	无	Na^+、Ca^{2+}	K^+

地层中的水敏性黏土矿物因水化作用导致的膨胀和分散是钻井过程中出现井壁失稳的主要原因，所以非常有必要对黏土矿物水化特性进行分析。蒙脱石是一

种具有 2∶1 型层状结构的典型膨胀型黏土矿物，并且它的晶层上、下面均为氧原子，采用分子力得到不同的晶层，但是这种作用力相对较弱，导致水分子很容易进入晶层之间，最终引发晶格膨胀。另外，还受到晶格取代作用的影响，外部离子可以置换晶格内的阳离子(例如，铝氧八面体的三价铝离子被镁离子置换等)，导致其呈现一定的电负性，所以为了实现溶液电性的均衡，必须有相同电量的阳离子，如果晶层之间有阳离子进入，则会导致蒙脱石分子发生晶格膨胀，晶层间距增大，胶体活性增强。相比于钙基蒙脱石，钠基蒙脱石具有更高的吸水率。当吸水或吸附有机物后，钠基蒙脱石层间间距和体积的膨胀倍数远大于钙基蒙脱石。钙基蒙脱石和钠基蒙脱石晶层吸水厚度有一定差异，二者吸附层数分别是 4 层和 3 层。所以，受极性水分子的影响，钠蒙脱石晶层的间距增大，静电引力较小，而钙蒙脱石晶层间的静电引力相对较大，能够在一定程度上减少水分子的进入，因此钙蒙脱石的分散倍数和膨胀倍数远远小于钠蒙脱石。图 2-2 为常见不同黏土矿物的 SEM 图像。图 2-3 表示蒙脱石的三层型膨胀型黏土晶格构造。

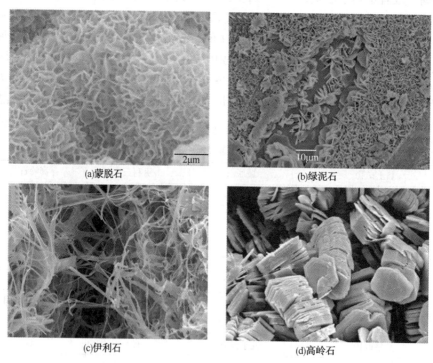

(a)蒙脱石　　　　　　　　　(b)绿泥石

(c)伊利石　　　　　　　　　(d)高岭石

图 2-2　常见不同黏土矿物的 SEM 图像

2.1.2　黏土水化膨胀机理

从作用机理上看，黏土水化膨胀和水化分散与水分子的吸附直接相关，水分子一旦吸附在黏土矿物表面，就会形成特殊的膜结构，这在一定程度上增加了黏土矿物的晶格层面。黏土水化、分散的程度主要受层间阳离子类型和阳离子浓度影响。黏土水化膨胀机理如图2-4所示，且黏土水化可以从两方面来解释：表面水化和渗透水化。

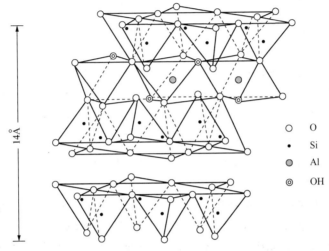

图2-3 蒙脱石的三层型膨胀型黏土晶格构造

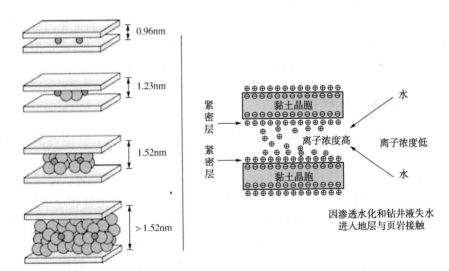

图2-4 黏土水化膨胀机理

钻井液与地层黏土相互作用造成黏土水化的主要原因有以下4个：①黏土矿物本身的性质；②钻井液中可溶盐的类型与浓度；③地层中黏土矿物所含阳离子类型；④黏土颗粒水化膜的厚度。

其中，表面水化和渗透水化表述如下：

（1）根据作用机理不同，可以将表面水化分为直接水化和间接水化两大类。直接水化是指水分子与黏土矿物表面的—OH、H⁺通过氢键作用吸附；间接水化则指的是通过可交换性阳离子实现对水分子的吸附。在水化过程中，首先发生的是表面水化，其详细作用过程包括多个阶段，其中相互作用的第一阶段是部分水分子与黏土矿物表面直接通过氢键相结合，这部分水分子具有晶体性质，吸附的第一层水分子需要与黏土矿物表面的氧原子构成氢键，同时这一层水分子之间也会形成网状结构的六角环层，然后第二层水分子通过氢键继续与第一层进行结合，再向上各层也都是如此，这部分水分子被称为结晶水。温度的变化可能导致其特性改变，只有在温度高于 300℃ 的环境中，结晶水与黏土矿物的结合才会遭到破坏。Norrish 等采用了 X 射线衍射技术测定了蒙脱石在水溶液中的晶格间距，发现黏土矿物表面吸附水分子主要由于短距离的黏土-水相互作用，并且最多可以达到 4 层的吸附层数。

（2）渗透水化：如果溶液中的阳离子浓度大于黏土矿物晶层间阳离子的浓度，那么水分子会由于渗透压的作用逐步扩散到黏土矿物晶层间，这也是造成黏土矿物晶层间距增大的因素。渗透水化作用的强度与黏土矿物的类型有关，通常情况下，如果扩散双电层越大，则渗透水化作用越强，即二者具有正相关性。另外，水分子扩散的程度和电解质浓度差也是影响渗透水化作用的重要因素。由于渗透水化造成的黏土体积膨胀量非常显著，体积膨胀量可以高达 8~20 倍，但是渗透水化造成的膨胀压却并不大，膨胀压一般为 $0.07×10^{-3}~0.70×10^{-3}$MPa。

2.1.3　扩散双电层理论

最早的双电层结构模型是由 Helmholze 于 1879 年提出的，称为亥姆霍兹模型。Gouy 和 Chapman 于 1910—1913 年对亥姆霍兹模型进行了修正，称为 Gouy-Chapman 模型。Stern 于 1924 年对 Gouy-Chapman 模型进行了完善，逐步建立了成熟的扩散双电层理论。其理论要点是带电粒子周围包裹着电性相反的反离子，且反离子的浓度随着距离带电粒子距离的增大而减小。第一层离子（Stern 层）并非直接在表面，而是在远离表面的地方，反离子电荷与表面电荷之间有一层厚度为 δ 且不存在电荷的层，使双电层扩散部分的浓度和电位降到足够低的值，以保证离子近似为点电荷。Stern 进一步考虑了离子吸附的可能性，并假设这些离子位于 Stern 层中。通常所说的扩散双电层中的"双"不是指带电性不同，即"+""−"，而是指电层中反粒子的浓度不同，因此"双"指的是靠近带电粒子的反粒子浓度高的紧密层（Stern 层），也称为吸附层；"双"的另一层含义是指从吸附层到液相中反粒子浓度为零的这一层，也称为扩散层。但也有学者把带有负电荷的黏土矿物表面和 Stern 提出的整个扩散层称为"双电层"。

当具体到黏土胶体溶液这一具体、特定的研究环境时，黏土矿物表面带有的负电荷，在电势能的驱动力作用下，必有等量、相反的电荷在黏土矿物表面吸附和富集，因此黏土矿物表面会有一定浓度的可交换阳离子吸附。将黏土置于水中时，黏土层间的水活度要低于溶液主体的水活度，在电势梯度和水势差的作用下，阳离子会逐步扩散至水溶液中，结果就是黏土矿物周围形成一个阳离子分布不均的扩散双电层。

2.2　黏土水化抑制剂

钻井初期，为了清洗井筒内岩屑，人们单纯地用清水作为钻井流体，其间会有少许钻屑进入清水形成泥浆，这就是"泥浆"的由来。随着钻井深度的不断增大，频繁发生的井壁失稳问题引起了科研人员的关注，在这种情况下，采用传统的钻屑泥浆体系已经不能满足钻井工程的需要，于是就尝试在泥浆中加入聚合物和无机材料等井壁稳定剂以达到维持井壁稳定的目的。

从作用原理上看，黏土水化抑制剂主要通过抑制黏土水化膨胀的方式来保持井壁的稳定，所以此类型的抑制剂也被称作黏土防膨剂、井壁稳定剂等。在水基钻井液中加入页岩抑制剂可以有效抑制黏土矿物的水化膨胀与分散，减小井壁坍塌等发生的概率。其作用原理：由于黏土层间水包括黏土矿物表面吸附的 4 层水分子和层间自由水，抑制渗透水化就是减少层间自由水的量，可通过添加可压缩扩散双电层的页岩抑制剂来达到此效果。但是，通过添加页岩抑制剂来驱离黏土矿物表面 4 层水分子的做法难度很大。有研究指出：驱离第三层和第四层水分子时还有可能驱离 HCOOK，由于最靠近黏土矿物的那层水分子与黏土的结合能太大，驱离这层水分子所需的力为 $10 \times 10^8 Pa$，因此无机离子的水化能还不足以将水分子从黏土矿物表面拉出。

最初采用的黏土水化抑制剂以无机盐类为主，常用的有 KCl、HCOOK、K_2SiO_3 等，它们能够起到抑制黏土水化的作用。后来随着研究的不断深入，逐步研制出更为先进的强抑制性抑制剂。此类抑制剂的作用机理主要包含两个方面：一是采取对扩散双电层压缩的方式，能够有效地减小黏土晶层间的斥力；二是抑制自由水活度，从而排出黏土晶层间的水。结合上述分析，最终还是通过驱赶黏土晶层间渗透水化的水来达到目的。钾离子的优势主要体现在如下方面：钾离子和黏土矿物表面的六角氧环的直径基本是一致的，加之钾离子的水化能较低，可以轻易地以插层的方式进入黏土晶层间，而钙离子和钠离子的水化半径和水化能均大于钾离子的水化半径和水化能，因此钾离子可以将钙离子和钠离子置换出去。进入六角氧环的钾离子可以嵌入黏土晶片结构，基于这种方式，实现了对黏土矿物水化膨胀的抑制目的。但是，无机盐类黏土水化抑制剂在应用中依然存在一定的不足：一是使用量较大，且氯离子可能会对钻井设备造成腐蚀，难以达到预期的抑制效果；二是容易对其余高分子处理剂支链的空间伸展产生不利影响。综上所述，尽管无机盐类黏土水化抑制剂能够起到一定的作用，但对它的使用也受到了一定的限制。

为了克服无机盐类黏土水化抑制剂使用中的不足，基于 K^+ 结构和体积的特殊性，进一步研发了胺（铵）类黏土水化抑制剂。其中，结构最简单的铵类黏土水化抑制剂是 NH_4Cl，N—H 键长为 104.5pm，∠HNH 为 109.44° ~ 109.52°。NH_4Cl 结构简单，且具有与 K^+ 基本相同的原子半径，水化能不大，能够有效地抑制晶层间流入水分子，从而有助于抑制黏土水化。但是，该抑制剂的稳定性较差，存在一定的危害性，特别是释放的 NH_3 威胁到人体的健康，对于周围环境也会产生不利的影响，因而在现场应用中受到极大限制。

正是由于 NH_4Cl 在稳定性、安全性等方面的不足，大量的科研人员对此进行了研究和改进，一部分人尝试用碳元素代替氢元素，开发出了一系列的烷基铵黏土水化抑制剂。与 NH_4Cl 相比，相同条件下烷基铵黏土水化抑制剂具有更大的体积。由于碳元素代替了氢元素，而 C—N 比 C—H 键能高且稳定性强，因此烷基铵黏土水化抑制剂的抗高温性能得到了一定的改善。得益于晶格取代，黏土矿物表面带有负电荷。由于存在电势差，以及根据能量最低原理，必须在黏土矿物表面吸附相同量的相反电荷。该类型的抑制剂可以将可交换阳离子替换掉，在吸附至黏土表面之后，实现对水化过程的抑制，但是烷基铵黏土水化抑制剂抑制性能不佳、具有毒性，导致其应用受到限制。

在抑制剂作用过程中，首先需要吸附至黏土表面，但是烷基铵黏土水化抑制剂仅有一个吸附性基团，导致其抑制性能不强，针对此问题，如果采用增加吸附性基团的方式，就能够有效地提高抑制剂的抑制性能。根据上述思路，科研人员逐步研发了单（双）羟基化烷基铵黏土水化抑制剂。此类抑制剂含有更多的强吸附性羟基基团，与羟基结合形成的氢键有助于改善抑制剂的抑制效果。然而，该抑制剂的应用容易受到温度的影响，特别是在温度较高时，单（双）羟基化烷基铵黏土水化抑制剂存在加量大、易分解和抑制性不足等缺点。

为了胺（铵）类黏土水化抑制剂环境可接受性差等缺点，科研人员从不同的学科角度进行了研究，旨在利用多学科融合的方式解决上述问题，使黏土水化抑制剂的抑制性能得到改善，同时减少使用过程中产生的污染。在持续深入研究的过程中，逐步研发了赖氨酸、烷基糖苷类的黏土水化抑制剂，此类抑制剂的抑制性能较强，相对分子质量较小，能够有效地封堵黏土表面的裂隙，并具有较好的适用性，可以应用到深井作业中，应用前景广阔。

Shadizadeh 利用枣树叶子上脉络里的提取物，获取了一种更加环保的非离子表面活性剂型黏土水化抑制剂，其利用 ζ 电位和扫描电镜对提取物的抑制性能和抑制机理进行了分析，结果发现该提取物表现出了良好的抑制性能，并和钻井液中常规处理剂具有良好的相容性。通过电子显微镜，可观察到膨润土(Na-MMT)颗粒在该提取物溶液中具有很好的稳定性。Shadizadeh 认为，该提取物的亲水性官能团(羟基)可以和黏土矿物上的氧原子形成氢键吸附，同时疏水端朝外，使得在黏土矿物外表形成一个疏水的壳。Pezhman 利用问荆提取物来做黏土水化抑制性能实验，并对比了其与氯化钾、聚胺的性能差异。根据最终的研究结果，问荆提取物对于 Na-MMT 水化膨胀的抑制效果较好，有效抑制了膨润土的膨胀。Zhang 等将刺蒺藜提取物作为非离子型表面活性剂，对抑制页岩水化具有明显的作用，并首次通过高效液相色谱-质谱联用实验方法表征了其中起抑制作用的成分为皂苷分子，并阐述了其抑制机理。

有人提出，可以在钻井液中添加超支化聚合物，采用这种方式能够进一步提高抑制剂的应用效果，并实现更好的抗高温性能，而如果将更多的吸附性基团添加到超支化聚合物中，则可以有效迫使黏土晶层间水分的排出，从而有效地抑制黏土水化，所以超支化聚合物有望成为环境友好的黏土水化抑制剂。

包被型抑制剂是所有抑制剂类型中被研究最为深入的一种黏土水化抑制剂，并由此形成了一些比较成熟的抑制性钻井液体系。常用的包被型抑制剂包括阳离子聚合物体系、两性离子体系等，一般划分为非离子类黏土水化抑制剂、离子类(阳离子、阴离子、两性离子)黏土水化抑制剂等类型。非离子类黏土水化抑制剂包括一元均聚物、二元共聚物等，这类抑制剂的相对分子质量大小不一，相对分子质量从几千到几千万的抑制剂皆存在。

2.2.1　一元均聚物

均聚物型抑制剂是以聚合醇为代表的一类抑制剂，严格意义上说，聚合醇为一种表面活性剂，本质上也属于非离子表面活性剂型黏土水化抑制剂，其作用机理主要表现为"浊点效应"，可以应用于黏土裂隙填充及疏水改性等方面。中海油服油田化学事业部、荆州汉科公司等共同研发了一种高性能钻井液体系，其中就利用了聚合醇(PF-JLX-A、PF-JLX-B、PFJ-LX-C、PF-GJC)，因此将其称为 PEM 体系，该体系被广泛应用于海洋钻井领域中，能够实现较强的抑制性能。

聚丙烯酰胺（PAM）实际上是一种相对分子质量较大的高分子聚合物，该抑制剂也被广泛应用于实际生产中。聚丙烯酰胺具有良好抑制效果的原因如下：①主要基于聚丙烯酰胺的酰胺基团与黏土矿物实现氢键吸附；②在黏土表面形成包覆的网状结构，使水分子与黏土矿物表面分离，避免水分进入黏土中，从而抑制了黏土水化。如果采用聚丙烯酰胺钾盐（KPAM），则有助于提高其抑制性能。由于钾离子能够直接进入硅氧六角环内，通过二者的协同作用使 KPAM 表现出良好的抑制效果，且得益于其高的抑制性能和相对低廉的价格，KPAM 在油田钻井液中一直占据相当高的地位。

聚二甲基二烯丙基氯化铵也是一种常用的均聚物型（阳离子型）抑制剂，根据其不同的相对分子质量，聚二甲基二烯丙基氯化铵可用作杀菌剂、絮凝剂、分散剂、降滤失剂和抑制剂等。该聚合物水溶性较好，且分子上含有较高密度的正电荷，在钻井液中可作为抑制防塌剂使用，但是其原料价格相对昂贵，且对钻井液的流变性有一定的影响，与钻井液中的其他处理剂存在兼容性差等问题。

2.2.2　二元共聚物

二元共聚物较早地被应用到钻井液处理剂中，在过去的研究中，科研人员经常把羟基和季铵基引到高分子侧链上，以达到高分子在黏土上表现出优良的吸附性能的效果。由于丙烯酰胺价格较低，因此它也常常被作为聚合单体，用于抑制剂的合成中。根据相关文献，二元共聚物主要为阳离子型聚合物，其中环氧氯丙烷与二乙醇胺共聚物、多元醇与三甲基烯丙基氯化铵共聚物、三甲胺与环氧氯丙烷共聚物等都具有较强的抑制性。对于阳离子型聚合物，有必要确保黏土表面在抑制过程中能够吸收阳离子，同时高分子链能够强烈吸附黏土颗粒，采用这种方法抑制了黏土水化，避免了黏土分散。

2.2.3　三元共聚物

目前，科研人员逐渐加大了对三元共聚物的研究力度，已经取得了一定的技术突破，并呈现出广阔的应用和发展前景，特别是对两性离子聚合物的研究和应用，取得了丰硕的成果。这种类型的钻井液体系最早出现于 20 世纪中叶，在持续研究的过程中形成了不同类型的抑制剂，常用的有 XY-27、FA-367。虽然二者相对分子质量相差很大，却具有不同的黏土水化抑制性能。其中，

XY-27 是一种钻井液用两性离子聚合物，主要是在氧化还原引发剂作用下，由非离子单体丙烯酸(AA)、二甲基二烯丙基氯化铵(DMDAAC)和烯丙基磺酸钠(AS)通过共聚反应得到的三元共聚物，其平均相对分子质量为 2000 左右，其主要特点是：能够有效降低钻井液的结构黏度，具备抑制黏土水化膨胀的性能。但是，通过室内评价实验的研究发现，其抑制能力非常有限。FA-367 是一种相对分子质量较大的包被剂，其中涉及非离子及阴离子、阳离子的聚合，FA-367 之所以能够起到黏土水化抑制作用，是因为在此高分子中含有一定数量的强吸附基团，可保证 FA-367 在黏土上的结实附着，由于其相对分子质量较大，可以有效提高聚合物对黏土颗粒的包被能力，而分子结构中存在的水化基团能够吸附在黏土表面上，使得黏土颗粒分散受到抑制，从而提高了稳定性。上述两种抑制剂被广泛应用在"三磺"钻井液体系内，此外通过应用组合的方式也有助于改善抑制效果。

Gou 等合成了一系列三元和四元的大相对分子质量的疏水缔合物黏土防膨剂，它们展现出良好的防膨能力，并用于油气增产阶段，但其相对分子质量太大，如果在钻井液中实际应用，可能会对钻井液体系的流变性产生很大影响。

Anderson 等针对各种类型的页岩抑制剂进行了研究，分析了不同抑制剂的作用机理，总结了强抑制性能页岩抑制剂的结构特征，具体内容如下：

(1) 保持较小的相对分子质量，并且分子中应该同时存在亲水、疏水基团，二者的比例保持在合适的范围内，前者能够提高黏土表面对于水化粒子的约束效果；后者则可以影响水分子和黏土表面的氢键作用，能够抑制水分子的进入。

(2) 具备特定的离子基团，能够对水化钠离子进行置换，包括钾离子、铵离子等，即通过离子交换方式实现对黏土水化的抑制。

(3) 存在一定数量的铵基等阳离子官能团，这些铵基可以将黏土片层进行联结，从而增强抑制黏土水化的能力。

Suter 等对黏土与抑制剂之间的作用做了大量的研究，并结合数值模拟等方法进行了分析，在此基础上总结了黏土水化抑制剂分子设计原则。其中，阳离子型抑制剂需要达到如下要求：

(1) 可以对黏土的钠离子进行置换。

(2) 不存在醇羟基，因为当存在醇羟基时，醇羟基会和水分子发生作用，使得水分子更容易流入黏土层间。

(3) 存在单季铵官能团。

(4) 存在一定的疏水链，但是需要将其长度保持在合理的范围内，否则会影响到分子的水溶性。

（5）聚合物中疏水基团的链长应满足致密单层吸附的最低要求，但是当长度过大时，会产生不利的影响，难以抑制黏土水化。

屈沅治等在研究泥页岩水化抑制剂时设计了一种特殊的遥爪型二胺结构。Hodder 等针对聚胺抑制剂的应用进行了大量的研究，总结了其主要的作用机理，具体如下：

（1）具备一定的阳离子基团，有助于实现黏土表面的电荷平衡，避免出现黏土水化问题。

（2）如果处于低水化状态，分子结构内含有较多的活性基团，增强了对邻近黏土片层的束缚性，能够将相邻黏土片层像"串糖葫芦"一样串在一起，使其更牢固地联结在一起。

（3）不带电端基存在较多的亲水基，有助于抑制黏土水化。

（4）阳离子基团可以置换水化钠离子。

国内外黏土水化抑制剂都是根据页岩水化的机理，从物理封堵和化学反应两个方面着手进行设计，并不断完善和优化发展而来的，这两类方法在作用机理上存在一定的差异性。其中，物理封堵方法主要为阻止水分子进入或抑制渗透水化等来减少黏土水化，例如可以将页岩表面的裂隙结构进行封堵或者填充；化学反应方法是抑制剂在黏土表面形成吸附或者包被，或是通过架桥作用封堵页岩表面的裂缝，抑制剂在黏土表面通过吸附等方式形成的"化学膜"使页岩表面发生润湿反转，改变了页岩表面的亲水性，或者是通过减小页岩表面扩散双电层的厚度，以及减少黏土片层间离子交换等方式起到抑制页岩水化的作用。国内外现有抑制剂的相关研究都是基于这两个抑制机理展开的，在此基础上对处理剂的结构进行了设计和优化。近年来，科研人员发现，聚合物类抑制剂，包括阳离子型抑制剂、树枝状大分子抑制剂、天然改性材料和聚合物接枝改性纳米复合材料抑制剂等都具有相对优异的抑制能力，未来具有更加广阔的应用空间。但是，现有的抑制剂还不能够完全抑制页岩水化膨胀，需要科研人员在现有抑制剂的基础上进行更深入的研究，研发高性能的水基钻井液页岩抑制剂。聚合物类抑制剂之所以在高温条件下表现出抑制性能不足的问题，主要是由于其具有较长的分子链，当温度升高时，分子链可能断裂，因此抗高温能力不足，且加入大分子聚合物后，会给钻井液体系的流变性能调控带来不利影响，因此在分子结构设计方面对上述问题进行优化，研制具有抗高温、强抑制性小分子聚合物页岩抑制剂迫在眉睫。

通过对水基钻井液用黏土水化抑制剂进行归类和分析，总结出其能发挥良好抑制作用的机理，见表 2-2。

表2-2　各类黏土水化抑制剂作用机理

分　类	名　称	作用方式及机理	作用位置	表征方法	特　点
无机盐类抑制剂	钙盐类、钠盐类、钾盐类、硅酸盐类、甲酸盐类	减小页岩表面扩散双电层厚度，减小ζ电位，稳定页岩	黏土矿物晶层内、外表面	晶层间距、ζ电位、线性膨胀量、结合水含量	适用性范围广，来源广泛
聚醚胺类抑制剂	阳离子化胺类、端胺基聚醚胺等	充填在黏土层间，将黏土颗粒束缚在一起，减少水倾向；通过氢键吸附在黏土表面或者进行离子交换，取代金属阳离子	黏土层间及黏土外表面	线性膨胀量、ζ电位、接触角、粒度分布、滚动回收率	用量大，絮凝
天然改性材料抑制剂	烷基糖苷、阳离子淀粉、阳离子纤维素、壳聚糖季铵盐、植物提取物、多巴胺等	羟基官能团与黏土上的氧原子形成氢键吸附，同时疏水端朝外，形成"疏水壳"，减少渗透水化	黏土外表面	线性膨胀量、接触角、SEM、ζ电位、滚动回收率	抑制黏土水化能较强 膨胀性能较强
共聚物类抑制剂	阳离子聚合物、两性离子聚合物	通过高分子链上功能性官能团在黏土颗粒表面上，抑制黏土水化分散，减少渗透水化	黏土外表面	粒度分布、回收率、结合水含量、ζ电位、接触角、抑制造浆能力	抑制水化分散能力较弱，抗高温性能尚不理想
聚合醇类抑制剂	聚乙二醇、聚丙二醇、聚氧乙烯等	通过"浊点效应"析出后吸附在页岩表面上，形成疏水油膜，封堵页岩孔隙，减少渗透水化	黏土外表面	ζ电位、孔隙压力传递、结合水含量、接触角、毛细吸附力	易降解，环境可接受性强

2.3 强抑制性钻井液体系

对强抑制性钻井液技术的研究由来已久，人们尝试从力学、物理、化学及力学-化学耦合等方面去减缓、预防甚至阻止井壁垮塌。但是，截至目前还没有任何一种放之四海皆有效的钻井液体系，在这个领域仍然有诸多难题亟待解决。从静态钻井液角度来讲，力学指的是钻井液密度支撑与地层坍塌压力之间的力学关系，其中保持井壁力学不失稳的前提是钻井液的静液柱压力必须大于或等于该处井壁的坍塌压力，才有可能避免井壁失稳。

由于对井壁稳定有较大贡献的不仅仅是力学，还有物理、化学和热力等因素。因此，在保证力学稳定的基础之上，还要考虑物理、化学等其他重要因素的影响，即选择合适的钻井液体系。根据钻井流体分散相的不同，钻井液体系主要包括以下分支：油基钻井液、气基钻井液(欠平衡钻井液)、合成基钻井液和水基钻井液等。尽管形成了多种类型的钻井液体系，但是不同类型的钻井液体系的最终目的都是一致的，就是尽可能地节约钻井成本、快速钻至目标储层、减少钻井安全事故的发生和保护油气层，现简单概述如下：

2.3.1 气基钻井液

气基钻井也称为欠平衡钻井，是指在钻井时采用自然条件或采用人为设计的加压方法，在井筒内形成负压的钻井技术。欠平衡钻井中的循环流体并不是真正意义上的人们意识形态下所说的液体，实际上它是"气体"，循环流体包括气基流体、气液多相混合流体等。由于该项技术应用范围较窄，且危险系数较大，因此使用该项技术具有很大的危险性，如果在实际生产中应用不当，甚至会引发井喷等严重钻井事故，所以应用该技术时一定要慎之又慎。

2.3.2 合成基钻井液

合成基钻井液的基液分散介质是非水溶性有机化合物，处理剂以合成醇类和 α 烯烃等人工合成物质为主。合成基钻井液中不含任何来自石油的处理剂，因此其环保性强且毒性低。合成基的分散介质可分为四大类：合成烃类、醚、酯和缩醛。酯基钻井液具有一定的优势，主要体现在热稳定好、流变性稳定、完全可生物降解等，因此也被当作最佳合成基钻井液体系。合成基钻井液有较强的失水造壁性和良好的清洁能力，因此在钻大位移井及页岩气井中得到较好的应用，但其制备成本较高。

2.3.3 油基钻井液

目前，油基钻井液已被较多地应用到钻大位移井及页岩气井中，它能够有效地抑制黏土水化膨胀，与水基钻井液和合成基钻井液相比，其在保持井壁稳定和保护油气藏等方面具有优势。油基钻井液是以油(柴油、5#白油、矿物油)为分散质，以水和其他处理剂为分散相的一种性能优良的钻井流体。在分散相中，有时会人为地加入一些无机盐(如质量分数为20.0%的$CaCl_2$水溶液)，以保持井筒和井壁流体的活度差。但是，油基钻井液成本昂贵、安全性较差、生物可降解性差、环境可接受能力不强，且影响录井等后续工作的开展，因此该钻井液体系的应用受到限制。

2.3.4 水基钻井液

水基钻井液主要是水，再调和其他各种功能的处理剂而形成的一种钻井液体系。20世纪90年代，为了解决井壁失稳等井下复杂问题，我国由西南石油学院、中国石油勘探开发研究院和中原泥浆公司牵头研发了阳离子型聚合物钻井液体系，使我国的水基钻井液技术达到世界先进水平。

2.4 有机硅酸盐聚合物抑制剂

大量科研人员对有机硅酸盐聚合物抑制剂进行了研究，其中Xu、Krumpfer和Mc Carthy、褚奇和罗平亚等在研究过程中发现，将硅氧烷引入聚合物分子链可以有效提高其吸附能力并彻底改变其性能。硅氧烷基团具有易水解性，其分子式可表示为Si—OR，硅氧烷基团在水解过程中会逐步形成Si—OH，Si—OH与无机材料表面的—OH发生脱水缩合进而形成Si—O—Si，由此得到的Si—O—Si联结强度较大，牢固程度更高。所以，该抑制剂的稳定性较高，抗高温性能良好，适合应用到实际生产中。

现有的有机硅单体分子内主要包含有机硅官能团R和水解基团X，有机硅单体的特点和用途取决于其中水解基团X的数量和分子结构，因此可以根据水解基团X的数量和结构将有机硅单体进行分类，见表2-3。

罗霄等在制备共聚物方面做了大量的研究工作，在制备共聚物过程中，他们采用了有机硅单体(KH-570)，其中含有的硅氧烷基团通过水解得到硅醇，硅醇缩合后使得产物分子间过度交联，此时形成的体型超分子显著减小了其水溶性，无法继续将具有活性的硅氧烷基团引入聚合物，合成的产物也无法形成预想的分子结构。对此，他们采用非水体系进行聚合反应，通过在有机溶剂中进行聚合反应，避免了 KH-570 中的硅氧烷基团在水相体系聚合过程中发生水解，聚合反应过程中选用 N，N-二甲基甲酰胺（DMF）作为反应体系，同时在反应过程中还必须对使用的全部单体进行针对性处理，主要将过程中使用的水溶液类单体进行了除水提纯处理，最终成功地将硅氧烷基团引入目标产物，合成了一种有机硅酸盐聚合物抑制剂。

表 2-3　有机硅单体分类

分　类	结　构	特　点	用　途
三官能度硅烷	$R\left[\begin{array}{c}H_2\\C\end{array}\right]_n Si\begin{array}{c}X\\X\\X\end{array}$	水解速度快，易形成三维网状结构	交联剂
单官能度硅烷	$R\left[\begin{array}{c}H_2\\C\end{array}\right]_n \begin{array}{c}CH_3\\Si\\CH_3\end{array}-X$	水解速度较快，成本高	适用于单分子尺度的纳米改性
双官能度硅烷	$R\left[\begin{array}{c}H_2\\C\end{array}\right]_n Si\begin{array}{c}X\\-CH_3\\X\end{array}$	水解速度较慢，活性强	储藏稳定性好，适合制备线性聚合物
双爪硅烷	$\begin{array}{c}R\\(H_2C)_n\quad(CH_2)_n\\Si\quad Si\\X\;X\;X\;X\;X\;X\end{array}$	键合能力强，交联密度大，易形成强度较高的链节和紧密的网状结构，不易官能化，成本高	橡胶、涂料

褚奇等在研究页岩抑制剂时采用了胺基硅烷醇（ANS-1），并采用实验的方式验证了该类型抑制剂可以实现的抑制效果，具体的实验包括泥球实验、线性膨胀实验等。同时，通过与其他类型抑制剂进行对比，验证了其抑制性能。采用红外光谱分析、接触角实验、XRD 实验、TOC 吸附实验等手段，研究了胺基硅烷醇的作用机理，探讨了其在高温（140℃）条件下的吸附能力，研究结果表明，ANS-1 可以有效抑制水敏性黏土矿物的水化膨胀和水化分散，但是 ANS-1 作为页岩抑制剂，与黏土矿物之间通过共价键相互作用的机理尚不清楚，需要进一步开展研究。

2.5 本章小结

理想的水基钻井液抗高温强抑制处理剂应该具有高效抑制泥页岩水化的作用，在进行分子结构优化设计时，必须要从分子结构、官能团及相对分子质量等方面综合考虑，在重点关注其抗高温、强抑制性能的同时，还要兼顾其环保性能、热稳定性及钻井液体系的配伍性。

第3章 有机硅酸盐聚合物抑制剂研发及性能评价

具有抗高温、强抑制性能的小分子页岩抑制剂在分子结构设计上应具备以下特点：

（1）合成产物要适用于水基钻井液体系，因此在选用的单体中有一定数量的亲水基团（羟基等），确保合成产物具有良好的水溶性。

（2）通过乳液聚合制得的有机硅酸盐聚合物抑制剂是一种线性聚合物，包括主链、侧链。该聚合物的主链应以碳-碳键骨架为主，后者则包括不同的功能性基团：聚合物侧链中的阳离子功能性基团能够与带负电的黏土颗粒表面通过静电作用快速吸附；另外，在聚合物侧链上引入具有强吸附能力的硅氧烷基团形成新的侧链，通过水解缩合与黏土矿物表面上裸露的硅羟基上的—OH 形成 Si—O—Si 的强吸附，增强了高温条件下的吸附能力。

（3）带硅氧烷基团的侧链有适当的链长，这样在聚合物的成膜过程中，带硅氧烷基团的侧链就不会被主链上的聚合物分子"包裹"，而是通过延伸等方式得到特殊的聚合物膜。

（4）聚合物分子结构参数合理，相对分子质量不宜过高（数均相对分子质量应小于 5000），在合成过程中，控制有机硅酸盐聚合物的结构及制备工艺，使聚合物中带硅氧烷基团的侧链在成膜过程中可以定向排列在吸附表面上，此时形成的聚合物膜比较平滑，具有多层或者梯度结构，有助于降低有机硅的使用量、提高聚合物膜的质量、降低生产成本，并获得更高的经济效益。

目前，页岩抑制剂与地层黏土的吸附按照作用方式、吸附机理等可划分为物理吸附和化学吸附两大类。而抑制剂与黏土颗粒间的物理吸附作用属于次级键吸附，容易因外部因素的影响而出现解吸附，表现出作用速度较快、吸附具有可逆性、吸附质分子结构保持固定、吸附熵变降低等特点。物理吸附与化学吸附最主要的区别在于：物理吸附，在作用过程中并未有新的化学键形成；化学吸附，在与黏土作用的过程中会形成全新的化学键，熵变增加，因此化学吸附的作用力更大，且化学吸附不具备可逆性，解吸附难度较大。所以，从作用机理来看，化学吸附在抗高温方面更具优势，而如果将上述两种吸附方式同时应用到水化抑制中，则能够使抑制剂发挥更佳的抑制性能。除此之外，还能够改进在高温环境中的吸附稳定性，从而可以将抑制剂应用到不同的环境条件下，并保持较好的水化抑制效果。

　　Krumpfer、褚奇等相继提出了将硅氧烷基团引入聚合物分子链，采用这种方式可以有效提高聚合物在黏土表面的吸附能力。硅氧烷基团具有明显的易水解特性，一般将其分子式表示为 Si—OR，通过水解可以得到 Si—OH，由此形成的 Si—O—Si 键能较大，吸附更稳定。在水化之后的黏土表面上存在较多的硅羟基，采用添加硅氧烷基团的方式就可以形成 Si—O—Si，并使黏土颗粒吸附大量的抑制剂分子，由于 Si—O—Si 的键能较大，抗高温性能良好，使其能够保持良好的热稳定性。综合上述分析，在该吸附过程中实际上是一种化学吸附，形成了全新的化学键，并且由于 Si—O—Si 具备了较大的键能，即使处于高温条件下依然可以保持良好的稳定性，不会发生断裂，由此保证了抑制剂应用的稳定性与可靠性。

3.1　抑制剂分子结构设计

　　为了在抑制性聚合物的分子结构中引入硅氧烷基团，笔者选择了带甲氧基的乙烯基硅烷基团单体(二甲氧基甲基乙烯基硅烷)，通过与其他相关乙烯基功能单体的共聚反应，制备分子结构中含硅氧烷基团的小分子抑制剂，即有机硅酸盐聚合物抑制剂，有机硅酸盐聚合物抑制剂分子结构式如图 3-1 所示。

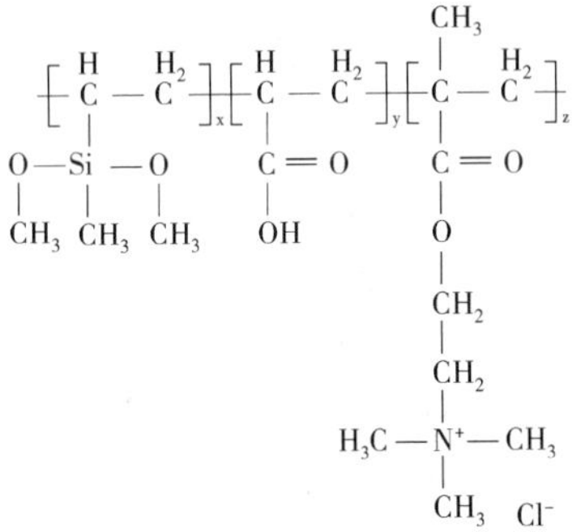

图 3-1　有机硅酸盐聚合物抑制剂分子结构式

3.2　合成反应及其基本原理

3.2.1　单体优选

　　化合物单体的化学键稳定性及刚性大小顺序为 C—C>C—N>C—O，其中 C—C

单键为非极性键，键能较大，化学稳定性好，因此在进行抗高温、强抑制聚合物分子设计时，选用C—C单键作为主链。由于C—C单键可旋转，刚性较差，在高温条件下易卷圈，因此还需要在聚合物结构中引入共轭结构或空间位阻大、极性强的抗高温单体作为侧链，以此增强聚合物的刚性和热稳定性。根据上述分子结构的设计思路，选择三种单体作为反应原料进行共聚反应，分别是丙烯酸（AA）、二甲氧基甲基乙烯基硅烷（VMDS）和甲基丙烯酰氧乙基三甲基氯化铵（DMC），采用乳液聚合法制备了有机硅酸盐聚合物抑制剂。

1. 丙烯酸（AA）

丙烯酸化学式为$C_3H_4O_2$，为无色液体，其分子结构式如图3-2所示。

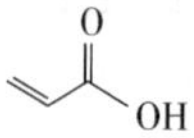

图 3-2　丙烯酸分子结构式

丙烯酸可溶于水和大多数有机溶剂，其分子结构中含有C＝C，化学性质活跃，α和β位点上的氢很容易被取代。丙烯酸中的双键较易发生均聚反应及共聚反应，与其他乙烯基单体进行共聚，选用丙烯酸作为反应单体，为聚合物引入极性强的基团（—OH），增强了聚合物的亲水性，改变了电子云分布，增加了聚合物分子主链的链长。丙烯酸的理化性质见表3-1。

表 3-1　丙烯酸的理化性质

名　称	理 化 性 质	名　称	理 化 性 质
CAS No.	79-10-7	闪点	54.0℃
分子式	$C_3H_4O_2$	密度	1.0611g/cm³
相对分子质量	72.06	水溶性	与水混溶，还可混溶于乙醇、乙醚
沸点	140.9℃	—	—

2. 二甲氧基甲基乙烯基硅烷（VMDS）

二甲氧基甲基乙烯基硅烷化学式为$C_5H_{12}O_2Si$，其分子结构式如图3-3所示。

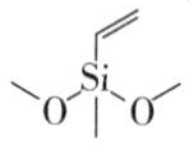

利用带乙烯基的有机硅单体将硅氧烷基团（Si—OR）引入聚合物，利用硅氧烷基团水解形成硅羟基这一特性，可以与黏土颗粒表面的硅羟基缩合形成Si—O—Si，抑制剂大分子可通过此键牢固地吸附在黏土颗粒上，从而形成化学吸附。由于在吸附过程中形成了新的化学键，故

图 3-3　二甲氧基甲基乙烯基硅烷分子结构式

属于化学吸附范畴，且Si—O—Si键能高，不易因高温因素而发生断键，赋予了抑制剂良好的吸附稳定性。

因此，在选用有机硅单体进行聚合反应实验时，综合考虑了单体水解速度、吸附界面、作用环境、贮存稳定性、经济成本和环保四个方面的因素，最终选用二甲氧基甲基乙烯基硅烷作为反应单体，因为二甲氧基甲基乙烯基硅烷是一种含有乙烯基结构的硅氧烷化合物，能够很容易地通过其分子结构上乙烯基的 C＝C 与其他反应单体进行自由基共聚，从而实现在聚合物产品链段上引入硅氧烷基团的目的，使得目标产物的侧链上具有强吸附基团（硅氧烷基），且侧链上有机硅基团中的硅原子上带有两个烷氧基和一个甲基，利用甲基的空间位阻作用，大幅限制了另外两个烷氧基的活性，能够确保其在常规的乳液聚合条件下不发生明显的水解反应和自聚反应。因此，综合二甲氧基甲基乙烯基硅烷具有的水解速度较慢、活性强等特点，以及其在水溶液体系中发生聚合反应不易水解，制得的目标聚合产物为线性聚合物且具有一定的链长，在有机硅酸盐聚合物产品引入硅氧烷基团的同时保证了产品的贮藏稳定性，二甲氧基甲基乙烯基硅烷的理化性质见表 3-2。

表 3-2　二甲氧基甲基乙烯基硅烷的理化性质

名　　称	理化性质	名　　称	理化性质
CAS No.	16753-62-1	闪点	3.33℃
分子式	$C_5H_{12}O_2Si$	密度	0.884g/cm³
相对分子质量	132.23	水溶性	与水混溶
沸点	106.0℃	—	—

3. 甲基丙烯酰氧乙基三甲基氯化铵（DMC）

甲基丙烯酰氧乙基三甲基氯化铵（$C_9H_{18}ClNO_2$），常温下为无色液体，其分子结构式如图 3-4 所示。

甲基丙烯酰氧乙基三甲基氯化铵是被广泛使用的季铵类阳离子亲水性单体，其水溶性良好，正电荷密度高，分子线团伸展能力强，由于单体分子结构中含有 C＝C，为有机硅酸盐聚合物提供了合适分布的吸附基团（铵基）。甲基丙烯酰氧乙基三甲基氯化铵的理化性质见表 3-3。

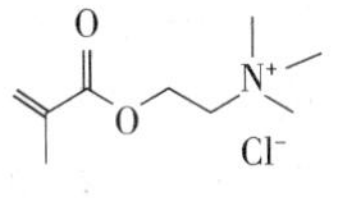

图 3-4　甲基丙烯酰氧乙基三甲基氯化铵分子结构式

表 3-3　甲基丙烯酰氧乙基三甲基氯化铵的理化性质

名　　称	理化性质	名　　称	理化性质
CAS No.	5039-78-1	沸点	>100.0℃
分子式	$C_9H_{18}ClNO_2$	密度	1.105g/mL
相对分子质量	207.70	水溶性	溶于水

3.2.2　合成方法

在目标产物合成的实验过程中，需要选择合适的合成方法，其中采用的三种反应单体均为乙烯基单体，此类单体主要通过自由基聚合，利用分子结构中的C＝C反应生成共聚物。在选择合成方法时，需要考虑到反应单体的理化性质，例如部分有机硅单体在水溶液中极易发生水解反应，如果使用水作为反应介质进行常规的自由基聚合，在反应体系中可能会同时存在以下三种情况：

（1）有机硅单体和乙烯基单体通过C＝C共聚，从而在侧链中引入了硅氧烷基团，整个过程中并未发生交联反应或者硅氧烷基团的水解反应。

（2）有机硅单体中的硅氧烷基团通过水解生成了缩合物，该过程早于聚合反应出现，导致无法通过C＝C聚合的自由基反应获得所设计的共聚物产品。

（3）有机硅单体和乙烯基单体通过C＝C成功共聚，而该过程中的硅氧烷基团会出现缩合，这将导致聚合反应无法继续进行、反应产物分子间交联，制备的聚合物产品不存在具有活性的硅氧烷侧链，无法在作为水基钻井液抑制剂使用时，通过活性硅氧烷侧链水解形成的硅醇中间体与黏土晶体表面的硅羟基脱水缩合形成 Si—O—Si，实现强化吸附的目的。

以上三种情况在水溶液自由基聚合的反应过程中同时存在，且随着有机硅单体在聚合体系中占有的比例增大，第（2）种情况和第（3）种情况更加容易发生，但是更希望在聚合过程中只发生第（1）种情况，即在反应过程中只发生乙烯基单体和有机硅单体通过C＝C发生聚合反应，避免反应过程中有机硅单体中的硅氧烷基团出现水解、缩合，由此才能真正在聚合物内引进有机硅单体，确保聚合物产物的侧链上含有具有活性的硅氧烷基团。

有机硅单体水解所需的水可能是无机材料表面吸附的水，也可能是大气中的水蒸气或是人为加入的水，因此如果在制备有机硅酸盐聚合物抑制剂时选用水溶液，则可能引发有机硅单体的水解，最终出现缩聚。为了在聚合物产品中引入有机硅单体，同时避免在聚合反应的过程中出现有机硅单体的水解、缩聚交联反应。国内的很多研究者提出采用的反应体系可以是有机溶剂，主要包括四氢呋喃（THF）等，采用自由基溶液聚合方式进行共聚物的制备，在反应前将所有参与反应的溶剂型单体进行除水提纯，使用非水溶剂作为反应体系进行自由基聚合，这种方法有效地避免了有机硅单体总的硅氧烷基团在合成过程中水解导致活性基团在聚合反应完成前被大量消耗的问题，成功地将硅氧烷基团引入抑制剂分子结构，但是在合成的过程中对单体进行除水提纯和使用有机溶剂进行聚合反应会带来诸多问题，例如投入单体总浓度低、聚合效率低、产率较低、有机溶剂挥发污染环境、溶剂分离回收和反应完成后残留溶剂去除困难等，尤其是溶剂的大量使用导致生产成本大幅升高，降低了该方法的实效性。另外，在有机硅单体的选择方面，采用的三官能团乙烯基硅烷单体（γ-氨丙基三乙氧基硅烷等）在结构上表现为 Si 和 3 个烷氧基连接，一般作为一种交联剂应用，有着水解速度快的特点，得到的体型超分子结构通过 Si—O—Si 联结，达到了较高的强度要求，容易形成三维网状结构，其水溶性大幅降低，对于聚合反应产生了不利的影响。

为了避免在合成过程中有机硅单体的水解，乳液聚合法是制备含硅聚合物的重要方法之一，通常选择常规乳液方法制备含硅聚合物乳液，在制备过程中通常使用引发剂、乳化剂、含硅单体等，制备时需要选择合适的乳化剂，通常选择复配的乳化剂体系，例如在复配时采用非离子、离子型乳化剂。在采用上述方法制备过程中，还需要进行搅拌，确保水中的单体保持较高的均匀性，然后添加引发剂即可得到特定的产物。这里所说的乳状液实际上是一种不相溶液体，其中含有油、水等成分，在添加乳化剂之后构成多相液体，稳定性较高，短时间内基本不会发生变化。但是，这种稳定性会受到诸多因素的影响，例如制备的工艺及原料配比等。如果是非水溶性液体，主要通过乳化剂形成水包油型乳状液(O/W)。乳液聚合法的应用具有一定的优势，主要体现在操作难度小、安全环保、污染性小及产品分散性高等方面，此外溶液内的乳胶粒子分布比较均匀，通过对其进行调整的方式可以达到使用要求，所以应用到工业生产领域的潜力较大。

在抑制剂的合成实验研究中发现：受合成过程及产物结构与组成等不同因素的影响，有机硅聚合物乳液的稳定性会出现一定的变化，其中常见的影响因素主要包括聚合物表面形态、表面活性剂使用量与类型、亲水性等，除了这些常见的影响因素，还涉及缩聚反应等。特别是在缩聚反应速度较快时，则会增大乳胶颗粒的尺寸，导致凝胶出现，而水解过程中同样存在这样的问题。在研究中发现，由有机硅单体进行的乳液聚合反应并非单一的反应过程，反应过程总体上复杂度较高，涉及丙烯酸类单体的自聚合反应，以及不同单体(有机硅氧烷单体、丙烯酸类单体)两两之间的共聚反应，除了这些反应，还存在缩聚反应，所以在乳液聚合过程中形成的产物未必是有机硅聚合物(主链、支链分别是碳-碳骨架、有机硅)。因此，需要对乳液聚合反应过程进行详细分析和设计，确保得到预期的制备产物。

根据之前的分析明确了乳液共聚反应的过程，但是在制备过程中存在一定的不足，即由于有机硅氧烷的水解性较强，并且容易发生缩聚反应，导致反应过程中可能出现凝胶。受此影响，对于反应过程中的控制提出了较高的要求，只有控制得好才能得到预期的产物。部分学者针对上述问题开展了研究和实验，提出了改善反应控制的具体方法。其中，Chen 等在研究中发现，硅氧烷基团硅烷在水溶液中易水解、稳定性低是影响水性涂料体系应用的重要因素，需要采用一定的方法解决上述问题，同时指出必须对硅烷水解及缩合的机理进行更多研究，明确各种因素产生的具体影响。Sefcik 等对三甲基硅烷醇处于不同 pH 值下的乙醇/水溶液特性进行了分析，主要涉及缩聚特性等。Bourne 等探讨了硅烷共聚单体质量分数超过 5.0% 的乳胶制备方法，分析了各种因素产生的影响，包括酸碱性、硅烷结构等，提出了可以采用双效硅烷[R-Si(CH₃)(OR)₂]有效改善乳液体系的稳定性。Chen 基于乳液聚合方法进行了进一步研究，在实验过程中采用了丙烯酸酯、乙烯基硅氧烷，研究结果显示，受阻乙烯基硅氧烷能够有效地抑制硅烷水解。以上学者为控制有机硅氧烷的水解与缩聚过程提供了理论依据，因此在合成时采用了乳液聚合方法，并将硅氧烷基团添加到聚合物侧链中，为了改善乳液聚合的稳定性，将缩聚和水解速率控制在较低的水平，还采用了阻碍性有机硅氧烷（乙氧基硅烷）。

Akiyama 等针对含硅聚合物乳液的制备进行了大量的研究，并在制备过程中添加了水解抑制剂，采用这种方式成功地将硅氧烷单体和丙烯酸类单体通过双键缩聚为低聚物，制备的乳液产品显示出优良的特性，体现在耐水性、稳定性好等方面，并且具有很强的抗干扰性，在合成过程中减少了有机溶剂的使用，从而降低了产品的生产成本。

罗英武等深入研究了有机硅聚合物乳液的合成方法，在研究过程中采用了细乳液聚合方法，由此得到了有机硅改性丙烯酸酯，通过将硅氧烷基团引入聚合物侧链的方式能够实现与羟基硅油的缩合。基于该方法制备的有机硅聚合物乳液稳定性好，聚合物中有机硅单体质量分数达 10.0% 时，涂膜吸水率只有 5.0%，去离子水的接触角最大可以达 105°，显示出较强的疏水特性。邢文男等在研究过程中采用的乳化剂是由 SLS、OP-10 复配得到的，选用的有机硅单体主要是 D₄、A-151，由此得到了丙烯酸合成硅丙乳液，该乳液凝胶率较小、稳定性较高，具有优异的特性。王燕等通过在乳液聚合反应中加入水解抑制剂，提高了聚合产物中有机硅的含量（20%），通过性能测试发现，合成产物的贮存稳定性也明显提高。郭明等针对聚合工艺进行了大量的研究，探讨了不同的操作方法所产生的影响，包括对产物特性、乳液粒径及其他方面造成的具体影响，为实际的工艺设计提供了一定的依据。Wada 等发现了一种新型的含有机硅的氟树脂聚合物制备方法，在该方法中采用的反应单体是乙烯基硅烷偶联剂与含氟烯烃，具体的制备方法是乳液聚合方法。基于该方法制备的聚合物产品具有一定的优势，主要体现在明显增强了贮存稳定性和机械稳定性，并且进一步提高了疏水性能和抗高温性能。

综合考虑分子结构和聚合反应的经济成本，以生产工艺简便性、原料廉价易得性，反应条件简单性为基本原则，优选含有碳碳双键（C=C）的乙烯基硅烷单体，在合成时避免使用有机溶剂作为分散体系，以减少对环境造成的污染和对水资源造成的危害，合成方法为自由基聚合方法中的乳液聚合，以水为分散介质进行聚合物的制备。

3.3 合成反应最适宜条件确定

3.3.1 实验材料

实验用主要试剂见表3-4。

表3-4 实验用主要试剂

名　　　称	规格/纯度	生产厂家
丙烯酸	分析纯	阿拉丁生化(上海)有限公司
甲基丙烯酰氧乙基三甲基氯化铵	分析纯	上海麦克林生化科技有限公司
二甲氧基甲基乙烯基硅烷	分析纯	上海麦克林生化科技有限公司
乙烯基三甲氧基硅烷	98%	上海麦克林生化科技有限公司
乙烯基三乙氧基硅烷	97%	上海麦克林生化科技有限公司
Γ-甲基丙烯酰氧基丙基三甲氧基硅烷	98%	国药集团化学试剂有限公司
2,2-偶氮二异丁腈(ABIN)	98%	上海麦克林生化科技有限公司
过硫酸铵	分析纯	上海麦克林生化科技有限公司
聚苯乙烯	分析纯	上海麦克林生化科技有限公司
亚硫酸氢钠	分析纯	上海麦克林生化科技有限公司
司盘80	化学纯	上海沪试化工有限公司
吐温80	化学纯	上海沪试化工有限公司
无水乙醇	分析纯	上海麦克林生化科技有限公司
正硅酸四乙酯	分析纯	上海沪试化工有限公司
丙酮	分析纯	天津博迪化工股份有限公司
氢氧化钠	分析纯	阿拉丁生化(上海)有限公司
盐酸	分析纯	国药集团化学试剂有限公司
乙酸	分析纯	阿拉丁生化(上海)有限公司
无水碳酸钠	分析纯	上海麦克林生化科技有限公司
氯化钾	分析纯	上海沪试化工有限公司
乙二醇	分析纯	上海沪试化工有限公司
氯化钠	分析纯	上海沪试化工有限公司
丙烯酰胺	化学纯	上海沪试化工有限公司
去离子水	—	实验室自制
配浆用膨润土	工业级	中国渤海钻探有限公司
钠基膨润土	工业级	中国潍坊华潍膨润土有限公司
页岩样品	—	中国石油川庆钻探工程有限公司

3.3.2 页岩岩屑矿物组成分析

在进行页岩岩屑滚动回收率实验时，采用中国石油川庆钻探工程有限公司提供的露头页岩岩屑样品。采用 INCA-X 射线衍射(XRD)测定了页岩岩屑的矿物组成，页岩样品矿物成分分析结果见表3-5。

表 3-5   页岩样品矿物成分分析结果

成分名称	含量(质量分数)/%	黏土矿物成分	含量(质量分数)/%
石英	39.8	高岭石	1.1
钾长石	3.1	绿泥石	6.2
钠长石	4.1	伊利石	11.6
方解石	7.4	伊/蒙混层	22.8
白云石	3.9	—	—

3.3.3 配浆用膨润土矿物成分分析

实验中使用的配浆用膨润土由中国渤海钻探有限公司提供。采用 INCA-X 射线衍射(XRD)对样品进行了黏土矿物成分分析，膨润土的黏土矿物成分分析结果见表3-6。

表 3-6   膨润土的黏土矿物成分分析结果

成分名称	含量(质量分数)/%	成分名称	含量(质量分数)/%
高岭石	0	蒙脱石	99
绿泥石	0	伊/蒙混层	0
伊利石	1	伊/蒙混层层间比	100

3.3.4 钻井液基浆配制方法

由于国内天然钠土矿源极少且不稳定，原标准《钻井液试验用钠膨润土》(SY 5790—1993)和《钻井液用评价土》(SY 5444—1992)中推荐的室内钻井液性能评价用的新疆夏子街钠土已无法购得，经国内三大石油公司(中国石油、中国石化、中国海油)反复论证，改用新标准《钻井液试验用土》(SY/T 5490—2016)，并取代了原有的配浆标准，使用原生态天然钙土矿源替代了新疆夏子街钠土。钻井液室内实验配浆用膨润土为天然钙土，该天然钙土未经任何化学改性，为使室内配浆实验与现场实际应用更为一致，在配浆时需要添加3.5%(质量分数)的碳酸钠进行土质改性，具体方法和技术要求参考《钻井液试验用土》(SY/T 5490—2016)。

3.3.5 页岩样品理化性能测试

黏土矿物中存在钠离子、钾离子、钙离子、铁离子和镁离子等常见的阳离子，这些阳离子存在于黏土矿物的晶胞夹层中，同时中和黏土矿物中由阳离子同构取代作用产生的负电荷。页岩样品中黏土矿物的性质、类型及水化强度可以通过阳离子交换量作为判断其在水中活性的依据，页岩样品的阳离子交换容量越高，样品水化膨胀和水化分散的能力则越强。

API 标准中是通过亚甲基蓝测试（MBT）确定黏土矿物的阳离子交换容量，实验步骤如下：将页岩磨成细粉，然后将少量细粉（2g）与硫酸和过氧化氢混溶于去离子水中，充分搅拌、混合均匀并加热至沸腾，在冷却至常温后，多次向混合液中加入 1.0mL 即 0.01mg 当量的亚甲基蓝溶液，用玻璃棒蘸取样品涂抹于滤纸上，观察滤纸上液滴边缘周围的颜色，重复加入亚甲基蓝溶液直到滤纸上液滴边缘周围呈现浅绿色或蓝色的晕圈时停止。通过计算亚甲基蓝吸附量确定阳离子交换容量，页岩样品中反应性较弱的黏土在与水相互作用时更易于分散，实验结果见表 3-7。天然蒙脱石、伊利石和高岭石作为自然界中常见的三种黏土矿物，其阳离子交换容量分别为 700.0 ~ 1300.0mmol/kg、20.0 ~ 40.0mmol/kg、30.0 ~ 150.0mmol/kg。另外，评价理化性能的重要参数还有比表面积和比亲水量两项指标．比表面积是评价页岩井壁稳定性的一个重要参数，代表了单位质量泥页岩具有的表面积。比亲水量是衡量泥页岩水化变形及强度变化的本质特性指标，具体是指单位泥页岩表面积上的吸水量（相当于水化膜的厚度，反映水化膜短程斥力的大小）。

表 3-7　页岩阳离子交换容量、比表面积和比亲水量测试

实验用品	阳离子交换容量/ （CEC）/（mmol/kg）	膨润土当量/ （g/kg）	比表面积/ （m²/g）	比亲水量/ （10⁻³ m²/g）
蒙脱石	700~1300	50~80	800~900	9~12
页岩样品	40~60	60~80	40~60	9~11

注：蒙脱石为配制基浆使用的钠基膨润土，页岩样品来自四川盆地龙马溪组露头页岩。

通过室内实验测试了膨润土和四川盆地龙马溪组露头页岩样品的理化性能，实验结果见表 3-7。实验中使用的页岩样品比亲水量为（9 ~ 11）×10⁻³ m²/g，样品亲水性较强；页岩样品的阳离子交换容量较小（经测定，页岩样品 CEC 为 40~60mmol/kg），阳离子交换容量较小。水化分散性不强，岩样黏土比表面积为 40~60m²/g，比表面积较小，黏土带电量不高，理化性能测试的结论与 XRD 测量分析的页岩岩屑矿物成分一致。

利用 XRD 对四川盆地龙马溪组露头页岩样品进行成分分析可知，龙马溪组

露头页岩样品与国外页岩地层样品的矿物组成特征有很大区别，龙马溪组露头页岩样品中黏土矿物不易发生水化膨胀，其原因是样品黏土矿物中蒙脱石和伊利石/蒙脱石含量低，主要成分是伊利石、高岭石等，因此龙马溪组的地层水化以渗透性水化为主。由此可知，导致我国页岩地层井壁失稳的主要原因是局部水化导致页岩中的应力状态发生变化。水基钻井液与地层接触后，滤液沿微裂缝进入地层，引起伊/蒙混层迅速膨胀，页岩中原始微裂缝及裂缝快速延伸、扩大，甚至相互贯通，因此需要具有强抑制作用的水基钻井液处理剂来抑制水化。

3.3.6 仪器设备

用于聚合物合成和表征的主要实验仪器见表 3-8。

表 3-8   用于聚合物合成和表征的主要实验仪器

仪 器 名 称	规 格 型 号	生 产 厂 家
核磁共振仪	Bruker Ascend 400	德国 Bruker 公司
红外光谱仪	IRTracer-100	日本岛津公司
紫外光谱仪	Cary 5000	美国安捷伦公司
凝胶色谱仪	PL-GPC 220	美国安捷伦公司
热重分析仪	TGA 2	瑞士梅特勒-托利多公司
X 射线衍射仪	D8 ADVANCE	德国 Bruker 公司
电热恒温干燥箱	GX3020GF20	广东高鑫仪器有限公司
三口烧瓶	250.0mL	上海申迪玻璃仪器有限公司
冷凝管	30.0cm	上海申力玻璃仪器公司
恒压滴液漏斗	100.0mL	上海申力玻璃仪器公司
电子天平	PL-E	瑞士梅特勒-托利多公司
精密天平	ML-T	瑞士梅特勒-托利多公司
台式 pH 计	PHS-3C	上海雷磁仪电科学仪器有限公司
集热式恒温加热磁力搅拌水浴锅	DF-101S	上海凌科实业发展有限公司
超纯水机	UPW-N 15 UV	上海雷磁仪电科学仪器有限公司

3.3.7 反应流程

将司盘 80 和吐温 80 按照 3:1 的质量比进行混合配制，并作为乳化剂。为保证乳化剂充分混合，在乳液聚合前，应采用机械搅拌方式对乳化剂进行预乳化，搅拌转速不低于 40r/min，预乳化时间不少于 30min。

按一定比例称取丙烯酸和甲基丙烯酰氧乙基三甲基氯化铵这两种反应单体，

预先溶解在去离子水中，调节混合液的 pH 值至反应所需条件(使用饱和氢氧化钠溶液和冰醋酸调节 pH 值)；随后将丙烯酸、甲基丙烯酰氧乙基三甲基氯化铵的混合液和预乳化完成的乳化剂置于 3 口烧瓶中，通入 30min 的氮气以排除体系内的氧气，反应过程中全程连续搅拌，同时保持冷凝循环；将有机硅单体(二甲氧基甲基乙烯基硅烷)溶于水溶液中(水溶液中还需要按照单体质量的 1.2%加入乙二醇作为水解抑制剂)，在连续搅拌的条件下，将有机硅单体(二甲氧基甲基乙烯基硅烷)混合液加入 3 口烧瓶中，并将其放置于提前预热至反应温度的水浴锅中，待加热至反应温度后开始加入引发剂。为了控制反应速度，使用恒压滴液漏斗缓慢加入引发剂，这样可以有效提高转化率，降低残留单体，确保相对分子质量均匀。将引发剂 ABIN 提前溶于去离子水中，过程中要连续滴加，全部加完的时间不少于 30min。随后恒温搅拌 1h，得到外观为乳白色的稳定均匀乳液产品，简称为 ADMOS。

乳液产品直接用于性能评价和钻井液体系配制，用于聚合物产物结构表征和理化性能评价的固体样品通过提纯得到，具体步骤如下：首先用无水乙醇进行分离沉淀，然后用丙酮洗涤法去除未反应完全的残留单体和乳化剂，将得到的固相沉淀物放入真空干燥箱中，在 60℃下干燥至恒重，取出进行粉碎，用 100 目筛网筛分，得到白色粉状颗粒状产品。

3.3.8 正交实验

由有机硅酸盐抑制剂的合成原理可知，影响聚合物性能的主要因素是单体的摩尔比、有机硅单体用量、引发剂用量、反应温度、单体总浓度、pH 值和乳化剂加量，通过正交实验进一步优化了合成实验的反应条件。将从实验中得到的18 种产品配成质量分数为 1.0%的抑制剂溶液，并以页岩岩屑的滚动回收率作为正交实验的评价指标。滚动回收率的实验条件为 150℃/16h，3 水平 7 因素设计的正交实验见表 3-9。

表 3-9 3 水平 7 因素设计的正交实验

因素水平	A	B	C	D	E	F	G
	单体摩尔比(AA：DMC)	有机硅单体加量(质量分数)/%	引发剂加量(质量分数)/%	反应温度/℃	单体总浓度/%	pH 值	乳化剂(质量分数)/%
1	4：1	1.5	0.3	60	15	5	5
2	2：1	5.0	0.4	65	20	6	6
3	3：1	8.0	0.5	70	25	7	7

　　根据正交实验范围对结果进行分析(表3-10)。由此可见,各因素对合成产品性能水平的影响由大到小为 F>B>E>G>C>A>D,即主要因素是反应的 pH 值,其次是有机硅单体加量,然后是单体总浓度、乳化剂加量、引发剂加量、单体摩尔比和反应温度。通过正交实验可以初步得出最适宜的反应条件:单体摩尔比为3:1,有机硅单体加量为 5.0%,引发剂加量为 0.3%,反应温度为 70℃,反应单体总浓度为 25%,pH 值为 5。

表 3-10　ADMOS合成 3 水平 7 因素正交实验表

所在列	A	B	C	D	E	F	G	
因素	单体摩尔比	有机硅单体加量(质量分数)/%	引发剂加量(质量分数)/%	反应温度/℃	单体总浓度/%	pH 值	乳化剂加量(质量分数)/%	滚动回收率/%
实验 1	4:1	1.5	0.3	60	15	5	5	90.20
实验 2	4:1	5.0	0.4	65	20	6	6	10.10
实验 3	4:1	8.0	0.5	70	25	7	7	92.50
实验 4	2:1	1.5	0.3	65	20	7	7	9.25
实验 5	2:1	5.0	0.4	70	25	5	5	98.00
实验 6	2:1	8.0	0.5	60	15	6	6	13.40
实验 7	3:1	1.5	0.3	60	25	6	7	15.75
实验 8	3:1	5.0	0.5	65	15	7	5	93.15
实验 9	3:1	8.0	0.3	70	20	5	6	87.80
实验 10	4:1	1.5	0.5	70	20	6	5	19.45
实验 11	4:1	5.0	0.3	70	25	7	7	95.95
实验 12	4:1	8.0	0.4	65	15	5	7	91.55
实验 13	2:1	1.5	0.4	70	15	7	6	23.75
实验 14	2:1	5.0	0.5	60	20	5	7	96.40
实验 15	2:1	8.0	0.3	65	25	6	5	93.95
实验 16	3:1	1.5	0.5	65	25	5	6	89.60
实验 17	3:1	5.0	0.3	70	15	6	7	93.85
实验 18	3:1	8.0	0.4	60	20	7	5	92.40
均值 1	66.625	41.333	78.500	67.350	67.650	92.258	81.192	
均值 2	55.792	81.242	55.258	64.600	52.567	41.083	53.433	
均值 3	78.758	78.600	67.417	69.225	80.958	67.833	66.550	
极差	22.966	39.909	23.242	4.625	28.391	51.175	27.759	

3.3.9 单因素优化

1. 反应单体比例的确定

为确定最适宜的反应单体摩尔比，通过固定其他合成条件，如表 3-11 所示，将单体摩尔比分别调整至 2∶1、2.5∶1、3∶1、3.5∶1 和 4∶1，在基浆中加入 1.0%（质量分数）合成的 ADMOS 抑制剂溶液，在 150℃ 条件下老化 16h 后，测定 1.0%ADMOS 抑制剂溶液中页岩岩屑的滚动回收率，实验结果如图 3-5 所示。

表 3-11 单因素实验确定最佳单体摩尔比的合成条件

合成条件	各项参数	合成条件	各项参数
有机硅单体加量	5.0%	单体总浓度	25%
引发剂加量	0.3%	pH 值	5
反应温度	70.0℃	乳化剂加量	5.0%

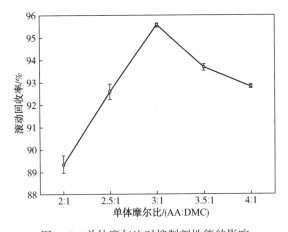

图 3-5 单体摩尔比对抑制剂性能的影响

由图 3-5 可知，在 150℃ 条件下老化 16h 后，1.0%ADMOS 抑制剂溶液中页岩岩屑的滚动回收率最高，达 95.60%。因此，通过正交实验和单因素实验可以确定最佳单体摩尔比为 3∶1。

2. 有机硅单体加量的确定

为确定最适宜的有机硅单体加量，通过固定其他合成条件，如表 3-12 所示，将有机硅单体加量分别调整至 1.5%、3.0%、5.0%、6.0% 和 7.0%，在基浆中加入 1.0%（质量分数）合成的 ADMOS 抑制剂溶液，在 150℃ 条件下老化 16h 后，进行页岩岩屑的滚动回收率测定，实验结果如图 3-6 所示。

表 3-12　单因素实验确定最佳有机硅单体加量的合成条件

合 成 条 件	各项参数	合 成 条 件	各项参数
单体摩尔比	3∶1	单体总浓度	25%
引发剂加量	0.3%	pH 值	5.5
反应温度	70℃	乳化剂加量	5.0%

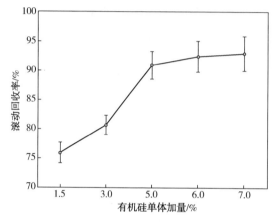

图 3-6　有机硅单体加量对抑制剂性能的影响

由图 3-6 所示的实验结果可知，有机硅单体加量在 1.5% 和 3.0% 时，滚动回收率分别为 75.93% 和 80.63%；随后有机硅单体加量由 3.0% 增至 5.0%，页岩岩屑滚动回收率继续增加至 90.91%；随后继续增加有机硅单体加量至 7.0%，页岩岩屑滚动回收率没有明显增加。综合考虑成本因素，根据正交实验和单因素实验结果，最终确定有机硅单体的最适宜加量为 5.0%。

3. pH 值的确定

为确定反应的最适宜 pH 值，通过固定其他合成条件，如表 3-13 所示，将 pH 值分别调整至 4.0、4.5、5.0、5.5 和 6.0，在基浆中加入 1.0%（质量分数）合成的 ADMOS 抑制剂溶液，在 150℃ 条件下老化 16h 后，进行页岩岩屑滚动回收率测定，实验结果如图 3-7 所示。

表 3-13　单因素实验确定最佳 pH 值的合成条件

合 成 条 件	各项参数	合 成 条 件	各项参数
单体摩尔比	3∶1	反应温度	70℃
有机硅单体加量	5.0%	单体总浓度	25%
引发剂加量	0.3%	乳化剂加量	5.0%

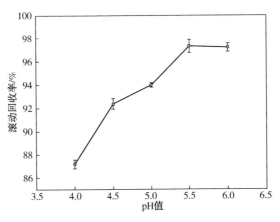

图 3-7 pH 值对抑制剂性能的影响

由图 3-7 可知，在 150℃ 条件下老化 16h 后，pH 值为 5.5 时，1.0%ADMOS 抑制剂溶液中页岩岩屑的滚动回收率最高，达 97.75%。因此，最终确定反应的最适宜 pH 值为 5.5。

4. 乳化剂加量的确定

合成过程中乳化剂种类的选择及乳化剂的合理用量直接影响产品的稳定性。在乳液聚合过程中，实质上乳化剂作为一种表面活性剂，可降低表面张力，并且表面张力会随着溶液中乳化剂加量的增加而不断减小；当乳化剂加量达到临界胶束浓度（CMC）时，会在水溶液中形成球状或棒状的胶束。此时，如果继续增加乳化剂加量，表面张力也不会再发生变化，因此达到临界胶束浓度就是最适宜乳液合成的乳化剂加量。为了确定最佳乳化剂加量，在进行单因素实验时固定其他合成条件，如表 3-14 所示。

表 3-14 单因素实验确定最佳乳化剂加量的合成条件

合成条件	各项参数	合成条件	各项参数
单体摩尔比	3∶1	反应温度	70℃
有机硅单体加量	5.0%	单体总浓度	25%
引发剂加量	0.3%	pH 值	5.5

单独调整乳化剂加量为 4.0%、4.5%、5.0%、5.5% 和 6.0%，在基浆中加入 1.0%（质量分数）合成的 ADMOS 抑制剂溶液，在 150℃ 条件下老化 16h 后，进行页岩岩屑滚动回收率测定，实验结果如图 3-8 所示。

乳液聚合过程中使用的乳化剂加量不足，可能导致乳液体系的不稳定，其原因是乳化剂在合成过程中充当表面活性剂，降低了界面张力。如果乳化剂达不到最低用量要求，则无法形成胶束或胶团，不能形成稳定的油水界面；相反，如果

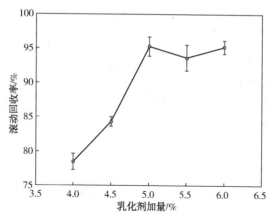

图 3-8 乳化剂加量对抑制剂性能的影响

在聚合过程中乳化剂加量过大，会导致成本增加，此时虽然确保形成了稳定的油水界面，但是过量的乳化剂分散在介质中会引起发泡，导致乳液过于黏稠，因此需要选择最适宜的乳化剂加量。由图 3-8 可知，在 150℃ 条件下老化 16h 后，乳化剂加量为 5.0% 时，页岩岩屑滚动回收率最高，达 96.55%。因此，通过正交实验和单因素实验可以确定最佳乳化剂加量为 5.0%。

5. 引发剂加量的确定

为了确定最佳引发剂加量，通过固定表 3-15 中其他合成条件，将引发剂加量分别调节 0.1%、0.2%、0.3%、0.4% 和 0.5%，向基浆中加入 1.0%ADMOS 抑制剂溶液，在 150℃ 条件下老化 16h 后，测定 1.0%ADMOS 抑制剂溶液中页岩岩屑的滚动回收率。

表 3-15 单因素实验确定最佳引发剂加量的合成条件

合 成 条 件	各项参数	合 成 条 件	各项参数
单体摩尔比	3 : 1	反应温度	70℃
有机硅单体加量	5.0%	单体总浓度	25%
pH 值	5.5	乳化剂加量	5.0%

最佳引发剂加量的实验结果如图 3-9 所示。由引发剂加量单因素实验结果可知，经过 150℃ 老化 16h 后，引发剂加量为 0.3% 时，1.0%ADMOS 抑制剂溶液中页岩岩屑的滚动回收率最高，达 94.15%，以此为评价标准，结合正交实验和单因素实验结果可以确定最佳引发剂加量为 0.3%。

通过正交实验和单因素实验，最终确定了有机硅酸盐聚合物合成的最佳条件，见表 3-16。

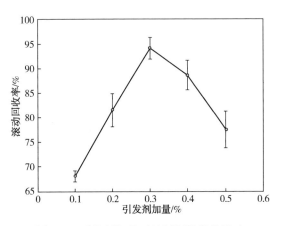

图 3-9　引发剂加量对抑制剂性能的影响

表 3-16　有机硅酸盐聚合物的最佳反应条件

合 成 条 件	各项参数	合 成 条 件	各项参数
单体摩尔比	3∶1	单体总浓度	25%
有机硅单体加量	5.0%	乳化剂加量	5.0%
pH 值	5.5	引发剂加量	0.3%
反应温度	70℃	—	—

3.4　合成产物结构表征和理化性能评价

3.4.1　傅里叶红外光谱分析（FTIR）

在本章中，为了确定有机硅酸盐聚合物产品的分子结构，首先将有机硅酸盐聚合物ADMOS抑制剂溶液进行提纯，并使用纯化的固体粉末样品进行表征。使用傅里叶变换红外光谱法对有机硅酸盐聚合物ADMOS抑制剂的分子结构进行表征，实验结果如图 3-10 所示。

图 3-10 中，3423cm^{-1} 处的拉伸振动吸收峰是丙烯酸中羟基键的特征识别峰；2929cm^{-1} 处的拉伸振动峰是亚甲基聚合物的反对称拉伸振动峰；丙烯酸酯类物质聚合后，产物中 C═O 的吸收特征峰一般在 1720cm^{-1} 处，因此 1724cm^{-1} 左右的弯曲振动特征峰确定为丙烯酸中 C═O 的吸收峰；1558cm^{-1} 处的拉伸振动峰是二甲氧基甲基乙烯基硅烷中—Si—C 的特征识别峰，说明聚合物中成功引入了有机硅单体；1409cm^{-1} 处的拉伸吸振峰是 DMC 中特征官能团 C—N 的特征识别峰；1357cm^{-1} 处的特征识别峰是由 DMC 中 N-CH$_3$ 的伸缩振动引起的；956cm^{-1} 处的

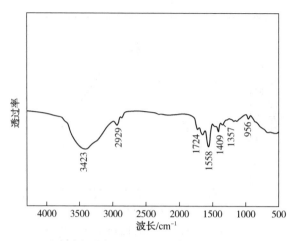

图 3-10　有机硅酸盐聚合物傅里叶变换红外光谱图

弯曲振动吸收峰被识别为 Si—OH 的特征峰；$1640\sim1675cm^{-1}$ 处未观察到 C＝C 伸缩振动的特征吸收峰，这表明样品不存在未反应的乙烯基单体；另外，如果在乳液聚合过程中，有机硅单体中的硅氧烷基团水解发生自缩合，会生成 Si—O—Si，其特征识别峰应在 $1020cm^{-1}$、$1035cm^{-1}$ 处，为等强度的双吸收伸缩振动强宽峰，并且在 $800cm^{-1}$ 处会观察到明显的弯曲振动峰。而在有机硅酸盐聚合物的傅里叶变换红外光谱实验结果中，并没有在 $800cm^{-1}$、$1020cm^{-1}$ 和 $1035cm^{-1}$ 处识别到特征峰，说明聚合过程中有机硅单体没有发生水解和缩合。

　　傅里叶变换红外光谱实验结果证明：所制备的聚合物中含有所有反应单体的特征官能团，说明所有单体都参与了聚合反应，成功地将硅氧烷基团引入聚合物中。但是，有机硅单体没有在聚合过程中发生水解和缩合。

3.4.2　核磁共振氢谱分析(^{1}H NMR)

　　核磁共振氢谱分析的实验步骤如下：将纯化后的有机硅酸盐聚合物样品($8\sim10mg$)溶于氘氯仿($CDCl_3$)中，以四甲基硅烷(TMS)为标准品，使用 Bruker Ascend-400 型核磁共振氢谱仪在室温下进行检测。图 3-11 为有机硅酸盐聚合物核磁共振氢谱分析结果。

　　由图 3-11 可知：峰 a(0ppm)处对应的是四甲基硅烷(TMS，标准物质)；峰 b(0.14ppm)处对应的是二甲氧基甲基乙烯基硅烷中与 Si 相连的甲基上的氢原子；峰 c(1.25ppm)处对应的是二甲氧基甲基乙烯基硅烷中与聚合物主链上 Si 相连的次甲基上的氢原子；峰 d(1.27ppm)处对应的是甲基丙烯酰氧乙基三甲基氯化铵中甲基上的氢原子；峰 e(1.40ppm)处对应的是二甲氧基甲基乙烯基硅烷中亚甲基上的氢原子；峰 f(1.60ppm)处对应的是甲基丙烯酰氧乙基三甲基氯化铵中亚甲基上的氢原子；峰 g(1.77ppm)处对应的是丙烯酸中亚甲基上的氢原子；峰 h(2.17ppm)处对应的是丙烯酸中次甲基上的氢原子；峰 i(3.30ppm)处对应的是甲基丙烯酰氧乙基三甲基氯化铵中与 N⁺相连的三个甲基上的氢原子；峰 j(3.52ppm)处对应的是甲基丙烯酰氧乙基三甲基氯化铵中侧链上与 N⁺相连的亚甲基上的氢原子；峰 k(3.55ppm)处对应的是二甲氧基甲基乙烯基硅烷中两个甲氧基的氢原子；峰 l(4.52ppm)处对应的是甲基丙烯酰氧乙基三甲基氯化铵中侧链上与 O 相连的亚甲基上的氢原子；峰 m(7.26ppm)处对应的是作为溶剂的氘代氯仿(CDCl₃)；峰 n(9.98ppm)处对应的是丙烯酸中 OH 上的氢原子。对聚合物产物的分子结构采用核磁共振氢谱分析方法进行了表征，实验结果表明，通过常规乳液聚合反应制备的有机硅酸盐聚合物ADMOS抑制剂的分子结构与设计的分子结构相符。

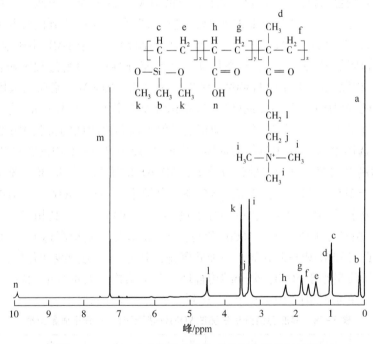

图 3-11 有机硅酸盐聚合物核磁共振氢谱分析结果

3.4.3 有机元素分析

使用德国的 Elementar vario MICRO cube 有机元素分析仪对合成的有机硅酸盐聚合物ADMOS抑制剂的 C、N、S 元素质量组成进行分析，元素分析结果见表 3-17。

表 3-17　ADMOS抑制剂的 C、N、S 元素质量组成分析结果

样品名称	摩尔比 $M_1 : M_2 : M_3$	元素质量组成/%		
		C	H	N
ADMOS	3 : 1 : 0.16	理论值/%	50.74	7.18	3.15
		测量值/%	49.71	7.171	2.98

注：表中 M_1 为 AA，M_2 为 DMC，M_3 为有机硅单体。

由表 3-17 可知，ADMOS抑制剂的各元素质量组成的理论值与测量值近似相等，证明所制备的有机硅酸盐聚合物产物结构达到分子结构设计中的预期目标。

3.4.4　凝胶色谱分析(GPC)

利用凝胶色谱仪测定有机硅酸盐聚合物ADMOS的相对分子质量。所用的实验仪器型号是 Malvern Viscotek 3580 型，进行凝胶色谱实验用到的样品制作方法为：按照 0.3%(质量分数)的比例将ADMOS抑制剂溶解于 DMF 中配制成溶液，在室温下密闭静置 12h 以上，轻微摇动使样品充分溶解(溶解过程中避免发生剧烈摇动)。检测柱型号为 CLM3009，保护柱型号为 T6000M，流动相选用 N，N-二甲基甲酰胺(DMF，色谱级纯度)，流动相流速设定为 1.0mL/min。色谱纯溶剂通过真空过滤系统过滤和脱气，流动相通过保护柱和检测柱的实验测试温度设定为 40℃，选用聚苯乙烯(PS)作为标样。由图 3-12 和表 3-18 中的实验结果可知，ADMOS抑制剂的相对分子质量分布较窄，ADMOS的重均分子量 $M_w = 3994$，数均分子量 $M_n = 2851$，Z 均分子量 $M_{z+1} = 6348$，分散指数 $D = 1.400912$。ADMOS抑制剂的数均分子量($M_n = 2851$)和重均分子量($M_w = 3994$)较小，其相对分子质量介于小分子(相对分子质量小于 1000)和高分子(相对分子质量高达上万到几百万)之间，由此可知ADMOS抑制剂是一种低聚物，其分子结构为线性几何构型结构，且相对分子质量小于 5000，分子结构合理，分子结构上的重复单元较少(分子结构上的重复单元不超过 10~20 个)，达到分子结构设计的要求。

表 3-18　凝胶色谱分析法测试ADMOS抑制剂相对分子质量结果

重均分子量 M_w	数均分子量 M_n	Z 均分子量 M_z	最高位峰的分子量 M_p	Z 均分子量 M_{z+1}	分散指数 D M_w/M_n
3994	2851	5139	4099	6348	1.400912

由表 3-18 中实验数据可以看出，制备的有机硅酸盐聚合物ADMOS抑制剂的相对分子质量分布分散性较小，表明合成聚合物时选用的反应条件较为合适，有效地抑制了副反应的发生，使得聚合物具有较高的产率。ADMOS抑制剂在水中可以较好地溶解，且分子链本身是具有一定刚性的主链，在其侧链上的有机硅功

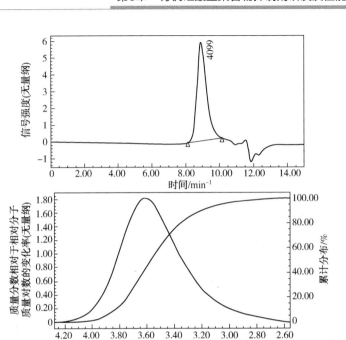

图 3-12　ADMOS抑制剂凝胶色谱分析结果

能基团中，Si—O—CH₃ 在水溶液中会进一步水解形成含有硅醇羟基的稳定体系，这个体系是一个高反应活性的中间体，可以与地层黏土中的 Si—OH 进一步脱水缩合，形成牢固的 Si—O—Si 吸附，小相对分子质量的特性使得ADMOS抑制剂拥有抑制地层黏土水化造浆的能力，且既可以在黏土晶层间形成"搭桥"，又可吸附于黏土表面形成"疏水膜"，从而达到协同抑制黏土水化分散和膨胀的效果。由于有机硅酸盐聚合物ADMOS抑制剂的数均分子量和重均分子量较小(均不大于5000)，作为抑制剂加入水基钻井液体系中不会对钻井液体系的流变性造成较大影响，有利于抑制剂与其他处理剂配伍使用。

3.4.5　热重分析(TG-DTG)

使用瑞士 METTLER TOLEDO 公司的 TGA-2 型热重分析仪对聚合物样品本身的热稳定性进行研究，设定热重实验的温度范围为 40.00~800.00℃，升温速率为 10.0K/min，选择氮气作为保护吹扫用的惰性气体，气体流量为 20.0mL/min。通过实验得到了有机硅酸盐聚合物的 TG-DTG 曲线(图 3-13)。

由图 3-13 的实验结果可知，有机硅酸盐聚合物的热降解过程可以分为四个阶段：

1. 温度范围：40.00~59.33℃

该温度范围内的 TG 曲线逐渐降低，DTG 曲线在 59.33℃时呈现平缓的峰，

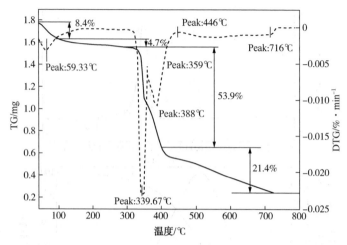

图 3-13　有机硅酸盐聚合物的 TG-DTG 曲线

说明有机硅酸盐聚合物的质量因受热而缓慢减少，失重百分比为 8.4%，此阶段的失重是由于空气中的水分子部分吸附在聚合物样品上，在较低的温度下水分子受热挥发所导致的。

2. 温度范围：59.33~339.67℃

该温度范围内的 TG 曲线和 DTG 曲线相对平缓，可以看出有机硅酸盐聚合物在该温度范围内质量缓慢减小，这是由于聚合物中羟基、季铵基等强亲水基团吸附的结合水在 59.33~339.67℃ 开始挥发导致失重，失重百分比仅为 4.7%，有机硅酸盐聚合物在 339.67℃ 以下基本保持稳定。

3. 温度范围：339.67~446.00℃

该温度范围内的 DTG 曲线出现了一个陡峭的峰值，说明这一阶段失重速率较高，在 339.67℃ 和 388.00℃ 两个温度节点分别出现快速分解。该阶段对应失重百分比为 53.9%，此时的质量损失是由于聚合物发生熔融，聚合物侧链开始断裂，侧链上的硅氧键发生分解。

4. 温度范围：446.00~716.00℃

有机硅酸盐聚合物的 DTG 曲线在这个温度范围内较为平缓，结合 TG 曲线可以看出，聚合物样品在 446.00~716.00℃ 的失重较为持续、缓慢，此阶段的失重是由于聚合物分子的主链结构开始发生氧化降解和热裂解，大部分聚合物已经基本碳化，碳元素发生了缓慢挥发，该阶段对应失重百分比为 21.4%。综合 TG 曲线和 DTG 曲线的结果可以看出，在温度达到 716.00℃ 以后，随着温度继续升高至 800.00℃，有机硅酸盐聚合物质量不再变化，说明该样品达到恒重状态。

由上述有机硅酸盐聚合物的 TG-DTG 分析结果可知，在温度达到 339.67℃ 以前，有机硅酸盐聚合物样品没有明显的质量损失，说明在此温度范围内有机硅酸盐聚合物ADMOS抑制剂本身具有良好的热稳定性，其分子结构在高温的作用下不易遭到破坏，进而保证了有机硅酸盐聚合物在高温条件下作为页岩抑制剂应当具备的性能。

3.4.6　理化性能分析

1. ADMOS抑制剂理化性能及常温贮存稳定性评价

使用不同种类的有机硅单体制备了一系列有机硅酸盐聚合物产品，通过对比这些聚合物产品的贮存稳定性，分析不同结构的有机硅单体对有机硅酸盐聚合物产品水解稳定性的影响，从而选择适合的反应单体，见表3-19。

表3-19　有机硅单体种类对有机硅酸盐聚合物产品贮存稳定性的影响

编号	有机硅单体种类	乳液外观	黏度/mPa·s	贮存期/月	稳定性/级	贮存后外观
1	二甲氧基甲基乙烯基硅烷	微透明乳白	52.4	>6	1	无变化
2	乙烯基三甲氧基硅烷	乳白	57.6	<2	3	初步可见相的分离
3	乙烯基三乙氧基硅烷	乳白	56.8	<3	4	明显可见相的分离、底部有凝胶颗粒沉淀
4	Γ-甲基丙烯酰氧基丙基三甲氧基硅烷	乳白	60.2	<1	6	两相分离

具体实验步骤如下：取适量的有机硅酸盐聚合物抑制剂乳液样品密封存放于50mL容量瓶中，并在室温条件下放置于避光、干燥的药品柜中贮存，每周定时观察容量瓶中乳液样品的外观状态变化情况并拍照记录，观察内容包括样品是否发生沉淀、有无凝胶颗粒生成、是否有颜色变化和乳液是否分层等。通过观察由不同有机硅单体制备的聚合物乳液产品贮存稳定性的实验结果，评价聚合物乳液产品的贮存稳定性。实验结果如表3-19和图3-14所示。

(a)二甲氧基甲基乙烯基硅烷　(b)乙烯基三甲氧基硅烷　(c)乙烯基三乙氧基硅烷　(d)Γ-甲基丙烯酰氧基丙基三甲氧基硅烷

图3-14　不同有机硅单体对乳液贮存稳定性的影响

实验结果表明，有机硅单体的种类和含量对聚合物乳液产品的稳定性具有较大的影响，在贮存稳定性测试中，2号、3号和4号样品随贮存时间的延长，黏度增大，出现明显的相分离现象，这是因为2号、3号和4号样品使用的有机硅的分子结构中与Si相连的三个硅氧烷，在含水的条件下水解生成硅醇，进而脱水交联，其中3号样品的贮存时间稍长，其原因是侧链为乙氧基，有机硅单体中硅氧基上烷基的链越长，稳定性越高。而使用二甲氧基甲基乙烯基硅烷作为有机硅单体制备的聚合物贮存8个月不出现任何破乳、絮凝、分层现象，原因是硅原子连接两个烷氧基和一个甲基，甲基大幅限制了侧链上两个烷氧基的活性，甲基的空间位阻作用使产品的贮存稳定性得到较大提高。

2. 低温贮存稳定性评价

由于聚合物乳液产品是水包油型乳化液，水相在低温下会结成冰，产生很大的冰压，容易使保护层和双电层遭到损坏，导致产品破乳失效。因此，通过冻融循环实验对乳液产品进行低温稳定性评价。

具体实验步骤如下：将乳液产品放置在密封的容量瓶中，放置于-15℃恒温的冰箱中连续冷冻16h，取出后置于常温下解冻8h，观察乳化产物的状态。重复5次，以最终不破乳为测试合格条件。实验结果如图3-15所示，其中 D_0 为乳液产品初始状态，$D_1 \sim D_5$ 为5次冷冻循环常温下状态，由实验结果可知，经过5次低温冷冻循环后，乳液产品没有出现破乳的情况，说明乳液产品低温贮存性良好。

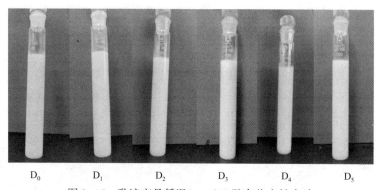

D_0 D_1 D_2 D_3 D_4 D_5

图3-15　乳液产品低温(-15℃)贮存稳定性实验

3.5　有机硅酸盐聚合物抑制剂性能

3.5.1　水基钻井液基浆体系固相粒子变化分析

现有的水基钻井液抑制剂大多是采用插层或包被的方式与黏土相互作用，通过测定钻井液黏土颗粒粒度分布情况，分析钻井液体系中黏土颗粒随温度和抑制剂浓度的变化规律，可直观地评价处理剂的抑制性能。在不同的温度范围内，温度对黏土颗粒的作用方式不同，根据相关文献研究成果，高温对黏土颗粒的作用机理分为三种情况，即高温分散、高温聚结和高温钝化。

（1）高温分散：黏土颗粒会分散在水介质中形成稳定的胶体体系，同时体系中的黏土颗粒会发生水化分散和水化膨胀，其本质上是表面水化和渗透水化产生的作用。高温会加剧水分子和体系中黏土颗粒的热运动，水分子渗入未完全水化的黏土颗粒的能力增强，导致黏土颗粒进一步水化分散、膨胀，同时由于黏土颗粒晶体结构中的阳离子（Al^{3+}等）在高温条件下解离，黏土表面电负性增强，基浆体系中阳离子浓度增大，黏土颗粒 ζ 电位绝对值增大。

（2）高温聚结：高温聚结作用表现为黏土颗粒随着温度的升高分散度降低，这是因为黏土颗粒的端-面及端-端结合形成了类似"卡片房子"的网络结构，网络结构的密度和强度越强，在基浆性能方面表现出的静切力和动切力就越大。高温聚结作用和高温分散作用通常是同时发生的，两种作用在不同温度范围内的表现也不同。

（3）高温钝化：高温钝化是指高温降低了黏土颗粒表面活性的现象。在高温条件下，水分子和黏土颗粒在钻井液基浆体系中的热运动都会增强，黏土颗粒的表面水化能力会减弱，水分子在黏土颗粒表面吸附的趋势会变弱，表现为黏土颗粒的外层水化膜变薄，在实验中则表现为黏土颗粒的 ζ 电位进一步减小。同时，黏土颗粒由于高温作用在分散体系中的无规则布朗运动加强，彼此之间的碰撞频率增大，也会降低黏土颗粒端-面和端-端结合形成"卡片房子"网络结构的能力，基浆体系的静切力和动切力也随之降低。

综上所述，高温对黏土颗粒具有高温分散、高温聚结和高温钝化三种作用，总体来说，在高温条件下，黏土颗粒的运动加剧，水化分散和水化膨胀作用得到加强，如果抑制剂的抗高温抑制性不足，那么随着温度的升高，抑制剂抑制性能就会不断减弱，最终不能对黏土颗粒起到抑制作用，导致抑制剂失效。因此，通过对比加入ADMOS抑制剂前后，4.0%（质量分数）钻井液基浆体系固相粒子比表面积、粒度中值 D_{50} 和 ζ 电位随温度的变化规律，评价ADMOS抑制剂的抑制性能（图 3-16~图 3-18）。

（1）在25~90℃，高温聚结和高温分散作用同时发生，高温分散作用占主导地位。

在此温度范围内，基浆中黏土粒子颗粒度增大，D_{50} 由 9.78μm 增大至 20.2μm，粒度分布变化较小，随着粒度增大，体系的比表面积也相应减小（由 971.7m²/kg 减小至 616.2m²/kg），ζ 电位由 -30.5mV 变为 -35.3mV，绝对值增大。从粒度中值和比表面积变化规律可以看出，基浆中黏土颗粒因受到温度的影响发生聚结，这是由于在此温度范围内，温度的升高加剧了基浆体系中黏土颗粒的运动，使得颗粒间的碰撞频率增大，进而使基浆体系中的固相粒子稳定性变差，发生高温聚结。同时，基浆体系的粒径分布变宽，ζ电位绝对值增大，说明在此温度范围内，还同时发生了高温分散作用，且高温分散作用占主导作用。

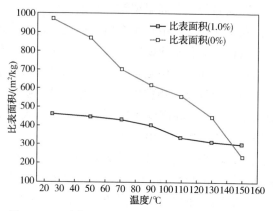

图 3-16　不同温度下老化 16h 对比表面积的影响

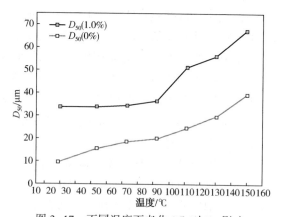

图 3-17　不同温度下老化 16h 对 D_{50} 影响

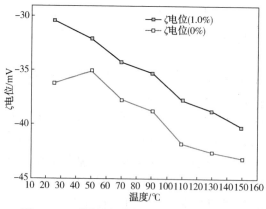

图 3-18　不同温度下老化 16h 对 ζ 电位影响

（2）在 90~130℃，高温分散作用和高温聚结作用同时发生，且高温聚结作用增强，逐渐占据主导地位。

实验结果表明：4.0% 基浆体系中的粒度中值增大（从 20.2μm 增大至 29.8μm），比表面积减小（从 616.2m²/kg 减小至 447.2m²/kg），基浆体系的 ζ 电位从 -38.8mV 变为 -42.6mV，ζ 电位的绝对值呈现增大的趋势。这是因为温度升高加剧了水分子的热运动，同时也加剧了基浆体系中黏土颗粒的热运动，水分子与黏土颗粒作用增强，促进了基浆体系中黏土颗粒晶层表面的水化和膨胀，导致黏土颗粒的晶层间距增大，黏土颗粒中的片状粒子进一步分离，Al^{3+} 在黏土晶格中的离解导致黏土表面电负性增强和 ζ 电位绝对值增大。

（3）在 130~150℃，高温去水化作用引起黏土颗粒的聚结稳定性下降，黏土颗粒的高温聚结作用进一步增强。

在此温度范围内，高温絮凝作用增强，黏土分散体系的稳定性随着温度的升高而下降，高温去水化作用导致产生不同程度的聚结现象，表现为基浆体系的粒度分布逐渐变窄，粒度中值增大（由 29.8μm 增加至 39.6μm），比表面积减小（由 447.2m²/kg 减小至 234.3m²/kg）。高温去水化作用还会导致黏土颗粒外层水化膜变薄，体系的 ζ 电位也发生了变化，ζ 电位绝对值增大（由 -42.6mV 变为 -43.2mV），且高温条件下水的介电常数显著减小，极性减弱，黏土颗粒在基浆体系中形成的网络结构的强度也有所下降。

为了评价抑制剂在高温条件下基浆体系中的抑制性能，笔者研究了温度对抑制性能的影响规律。在基浆体系中加入 1.0%（质量分数）的 ADMOS 抑制剂后，放入老化炉中在 150℃ 高温条件下进行老化，比较了在不同温度下老化前后含 ADMOS 抑制剂的基浆体系的粒径分布、比表面积和 ζ 电位的变化，并与基浆体系进行对比分析，研究其变化规律。从实验结果可以看出，加入 ADMOS 抑制剂后，基浆体系的粒度中值增大，比表面积增大，ζ 电位的绝对值相对减小，其原因是：ADMOS 抑制剂分子结构中的阳离子基团中和了一部分黏土颗粒表面的电负性；ADMOS 抑制剂水解后，有机硅侧链上的硅甲氧基水解为硅羟基，可与黏土颗粒表面的羟基发生脱水缩合，吸附在黏土矿物表面形成聚合物膜，从而减少了黏土颗粒上的总电荷。ADMOS 抑制剂通过以上两种方式与黏土颗粒表面发生作用，导致了基浆体系中黏土颗粒表面的 ζ 电位的绝对值减小，电负性降低，黏土表面吸附水分子的能力下降，不容易发生水化分散和水化膨胀。实验结果表明，ADMOS 抑制剂在高温老化后仍可大幅增强体系中微细颗粒间的聚结趋势，显示出 ADMOS 抑制剂在高温条件下依然具有较强的抑制性能。

3.5.2　线性膨胀实验

线性膨胀实验是评价抑制剂抑制能力及钻井液抑制性的传统方法，通过比较岩心在清水与不同抑制剂溶液中的线性膨胀率，可直观地反映出抑制剂抑制黏土水化膨胀的能力。

其基本测试步骤为：钠基膨润土，过 100 目筛，取 10.0g±0.1g 样品于 105℃环境下烘干至恒重并装于模具中，使用液压机在 10MPa 压力下压制 5min 后制得人造岩心样品，记录样品的原始厚度，随后将制得的样品放入 HTP-C4 型全自动双通道高温高压线性膨胀测定仪（青岛同春有限公司生产）中，加入不同的待测抑制剂溶液，设定仪器的自动记录时间间隔为 2s，连续记录 24h 岩心样品的膨胀量，线性膨胀率的计算见式（3-1）：

$$线性膨胀率 = \frac{h}{H} \times 100\%\qquad\qquad(3-1)$$

式中　h——人造岩心样品膨胀 24h 后的厚度，mm；

　　　H——人造岩心样品的原始厚度，mm。

干燥的黏土矿物样品更容易被水分子润湿，这是因为当黏土矿物晶体层间和表面微孔处于干燥状态时，对水分子的吸附力大，晶体内部层间很容易被吸附水占据。黏土矿物的表面水化和渗透水化作用同时发生。表面水化导致黏土矿物表面水化膜增厚，部分交换性阳离子水化；渗透水化是指水分子在外界压力的作用下，能够迅速地进入黏土矿物的晶层间，加剧黏土矿物水化膨胀。相对于渗透水化，表面水化对黏土矿物的水化膨胀量影响不大，但表面水化的初始膨胀速度较快，膨胀压较大，可高达 4~400MPa。随着表面水化的快速发生，水分子逐渐渗入黏土矿物内部，主要发生渗透水化作用，水分子与黏土矿物的接触面积不断增大，黏土矿物膨胀量开始增大，从而进入加速膨胀阶段。随着渗透水化的进行，黏土矿物晶体的晶层间距不断变大，黏土矿物表面与接触的液体由于水活度差导致化学渗透水化的发生，造成黏土矿物进一步膨胀。化学渗透水化是由黏土矿物的种类和地层水矿化度共同决定的，黏土矿物表面吸附的可交换阳离子会形成扩散双电层，扩散双电层的厚度决定着水化膜的厚度，水化膜越厚，渗透水化作用就越强。渗透水化阶段的特点是：黏土矿物的膨胀量相对较大，但是水化膨胀压并不大；随着水化作用发展到一定程度，黏土矿物的吸水速率会不断下降，黏土矿物的膨胀压增大，抵消了外部压力，黏土矿物的膨胀速率变小，进入缓慢膨胀阶段，直到黏土矿物的膨胀量达到最大且不再发生改变，黏土矿物达到稳定状态就不再发生膨胀，此时水化后的黏土矿物结构变得松散，几乎没有了强度。

在室内抑制剂性能评价实验中，测定黏土在不同溶液中的线性膨胀率可以定量地评价黏土的水化膨胀性，由于不同处理剂的抑制性能不同，膨润土人造岩心在不同实验溶液中的线性膨胀率不同，通过实验测定了常温常压条件下，人造岩心在不同浓度 ADMOS 抑制剂溶液中 24h 的线性膨胀率，实验结果如图 3-19 所示。

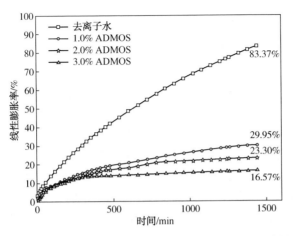

图3-19　不同浓度ADMOS抑制剂溶液中人造岩心常温常压线性膨胀率

由实验结果可以看出，在去离子水中，人造岩心的线性膨胀率达到了83.37%，说明黏土矿物吸水后迅速膨胀。其原因是黏土矿物中的可交换阳离子在水体系中解离，形成扩散双电层，钠离子等阳离子进入体相，导致黏土颗粒的片状结构表面带负电，带负电的黏土片由于静电排斥而分离，颗粒之间的间距增加，具体表现为人造岩心的线性膨胀率大幅增加。相对地，在1.0%、2.0%和3.0%（质量分数）ADMOS抑制剂溶液中，人造岩心的线性膨胀率分别为29.95%、23.30%和16.57%，分别减少了53.42%、60.07%和66.80%，实验结果表明，ADMOS抑制剂浓度越高，膨胀速率相对越小，24h人造岩心的线性膨胀率也相对越低。实验证明，ADMOS抑制剂溶液对黏土矿物的水化分散和水化膨胀有良好的抑制作用。

3.5.3　页岩岩屑滚动回收率实验

测定页岩岩屑滚动回收率是评价抑制剂性能常用的实验方法之一。选用的页岩岩屑在使用前要过筛，确保页岩岩屑颗粒尺寸在2.0~4.0mm（0.08~0.16in），称取20.0g±0.01g页岩岩屑颗粒样品加入350mL待测钻井液体系或抑制剂溶液中，在150℃条件下老化16h，静置冷却至室温，取出岩屑倒入0.5mm（0.02in）标准筛中，用相同的钻井液体系或抑制剂溶液冲洗筛网，防止页岩颗粒黏滞成块，使用出口直径为7.5mm（0.30in）的水管，控制冲洗水流速度为2.0L/min±0.2L/min，冲洗干净滤渣。冲洗过的页岩岩屑在真空干燥箱中105℃±3℃下烘干24h至恒重，称重并记录页岩岩屑样品的质量为M，页岩岩屑滚动回收率的计算见式（3-2）：

$$R = \frac{M}{20} \times 100\% \tag{3-2}$$

式中 R——页岩岩屑滚动回收率,%;

M——老化后烘干至恒重的页岩岩屑质量,g。

图 3-20 显示了在 150℃ 条件下老化 16h 后去离子水和不同浓度 ADMOS 抑制剂溶液页岩岩屑滚动回收率。与去离子水中的页岩岩屑滚动回收率(11.82%)相比,不同浓度 ADMOS 抑制剂溶液中在 150℃ 条件下的页岩岩屑滚动回收率均得到明显提高。当溶液中 ADMOS 抑制剂的浓度为 0.5%(质量分数)时,页岩岩屑滚动回收率达 42.45%,比去离子水中的页岩岩屑滚动回收率提高了 30.63%。页岩岩屑滚动回收率随着溶液中 ADMOS 抑制剂浓度的增加而逐渐提高,当溶液中 ADMOS 抑制剂的浓度增加到 3.0% 时,页岩岩屑的滚动回收率达 92.85%。

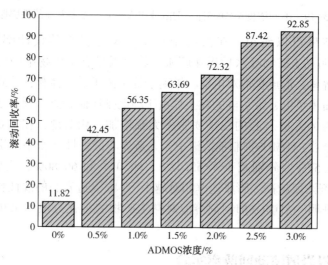

图 3-20　在 150℃ 条件下老化 16h 后去离子水和
不同浓度 ADMOS 抑制剂溶液页岩岩屑滚动回收率

3.5.4　页岩自吸水实验

自吸水实验是研究岩心润湿性常用的方法之一。笔者使用了自制的岩心自吸水测试装置,装置主要由精密电子天平(精度为 0.0001g)、升降器、电脑、烧杯和待测岩心组成。其装置示意图如图 3-21 所示。

笔者对比测试了四川盆地龙马溪组岩心和经过 ADMOS 抑制剂改性后的岩心对去离子水的自吸水规律,为了保证数据准确,液面与岩心底部应该一直保持刚好接触的临界状态,具体实验步骤如下:

(1)将实验中使用的岩心样品放入鼓风式干燥箱中,样品在 105℃ 条件下干燥 12h，直到样品重量恒定。取出样品后，在室温下放置 24h，连续称重 3 次计算平均值，记为初始岩心质量 M。

（2）在精密电子天平上放置 100mL 容量的烧杯，精密电子天平清零后装入 50g 去离子水，用细棉线将实验用岩心样品悬挂于铁架台上，缓缓降低岩心样品，待岩心完全浸没到去离子水中马上开始计时，注意岩心样品的底部不能与烧杯接触。

（3）每半个小时将岩心样品取出一次，记录天平读数，记录为 M_1，M_2，…，M_n，连续记录岩心自吸水量随时间的变化规律。

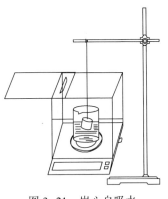

图 3-21　岩心自吸水
实验装置示意图

（4）对照组岩心样品放入 1.0%（质量分数）ADMOS抑制剂溶液中浸泡，两组对照组分别放于常温和 150℃ 老化炉中，经过 12h 浸泡改性后，放入真空干燥箱中，于 60℃ 条件下干燥至恒重，采用同样的方法测试自吸水率，自吸水率的计算见式（3-3）：

$$自吸水率 = \frac{M-m}{M} \times 100\% \qquad (3-3)$$

式中　m——岩心自吸水量，g；

　　　M——岩心初始质量，g。

由图 3-22 页岩露头岩心自吸水实验结果可以看出，四川盆地龙马溪组页岩露头岩心样品具有很强的自吸水能力。单位质量页岩露头岩心样品 10h 的自吸水率达 8.5%，吸水速率较快，2h 的吸水量基本达到稳定状态；使用同样的露头岩心样品分别在常温和 150℃ 条件下置于 1.0%（质量分数）ADMOS抑制剂溶液中浸泡改性，改性后的单位质量页岩露头岩心样品 10h 的自吸水率分别降低为 0.98% 和 2.11%，自吸水率分别下降了 88% 和 76%，自吸水率稳定时间分别为 5h 和 7h。通过实验可以证明，经过ADMOS抑制剂浸泡后显著降低了页岩岩心样品的自吸水能力。

3.5.5　泥球实验

将制作的泥球或人造岩心样品放入清水中浸泡一定时间后，观察泥球或人造岩心样品的外观变化即泥球实验。通过开展泥球实验，可以直观地观察到抑制剂对黏土水化分散及膨胀的作用效果。该实验是在室温下按照 1:2 的比例将蒸馏水与配浆用钠基膨润土均匀混合，揉制成表面光滑、大小均匀的泥球，确保每个泥球的质量为 10.0g±0.1g。随后将称量好的泥球分别放入等体积不同种类的抑制剂溶液中，确保溶液能够将泥球完全浸没，浸泡 16h 后拍照记录样品的外观变化，并取出泥球样品称量浸泡后的质量。通过观察泥球浸泡前后外观形貌的变化和对比泥球质量的变化(图 3-23、表 3-20），评价页岩抑制剂对黏土水化分散和水化膨胀的抑制性能。

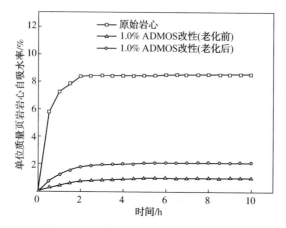

图 3-22 页岩露头岩心自吸水实验结果

(a)去离子水 (b)5.0%KCl (c)1.0%FA-367

(d)1.0%KPAM (e)0.5%ADMOS (f)1.0%ADMOS

图 3-23 泥球在不同溶液中浸泡 16h 后的照片

表3-20　泥球浸泡前后质量对比

编　　号	溶　　液	浸泡后的质量/g
（a）	去离子水	完全分散坍塌，无法称量
（b）	5.0%KCl	21.22
（c）	1.0%FA-367	18.53
（d）	1.0%KPAM	20.13
（e）	0.5%ADMOS	17.45
（f）	1.0%ADMOS	15.03

注：泥球浸泡前质量为10.0g±0.1g。

　　从实验结果可以看出，浸泡在去离子水中的泥球基本上呈现完全分散的状态，泥球无法保持原有的形貌，表明黏土颗粒已经在水中充分地水化分散了。而在抑制剂溶液中，泥球的形态结构可以得到一定程度的保持，抑制剂抑制黏土颗粒水化分散的能力越强，泥球的表面相对越光滑，浸泡过后整体形貌保持也就越完整。如图3-23所示，ADMOS抑制剂浓度越高，浸泡后的泥球表面越光滑，泥球的轮廓越清晰，实验结果表明，ADMOS作为页岩抑制剂可以在泥球表面吸附，形成具有疏水性能的聚合物膜，有效防止水分子侵入泥球内部，并有效抑制黏土颗粒的水化分散。

3.5.6　抑制地层黏土造浆性能

　　黏土矿物的造浆能力与其组成成分相关，对于常见的钠基膨润土和钙基膨润土，钠基膨润土的造浆率更高，可达$10.0m^3/t$。由于水基钻井液中膨润土的容量是有上限的，在钻进作业的过程中，钻屑侵入钻井液体系后会导致钻井液的流变性发生改变，从而影响钻井液性能。因此，可以通过在水基钻井液中加入抑制剂，抑制膨润土造浆。配制400mL待测浓度的抑制剂溶液，在高速搅拌的条件下，向配制好的抑制剂溶液中加入2.5%（质量分数）的配浆用膨润土，搅拌20min后于80℃条件下老化16h，取出冷却后再于25℃条件下使用六速旋转流变仪测定混合液的流变参数。按照上述实验方法重复加入膨润土和老化的步骤，每次老化后使用六速旋转流变仪在25℃条件下测定混合液黏度，直到混合液黏度增大至无法测量（超出六速旋转流变仪量程）为止，记录加入的膨润土质量，并计算每次加入后体系流变性的变化，根据美国石油协会（API）《钻井液现场实验标准规程》测试方法，评价溶液处理及抑制地层黏土造浆的能力。

　　通过对比钠基膨润土的容量的变化，测定基浆流变性来评价不同溶液处理及抑制地层黏土造浆的能力。钠基膨润土的容量上限提升越大，表明处理剂抑制地层黏土造浆的能力越强。在强抑制体系中，抑制剂能阻止钠基膨润土的水化分散和水化膨胀，使钠基膨润土的流变性降低，膨润土容量增大，与之相反的是，在弱抑制体系中，钠基膨润土容量更小，抑制剂溶液的流变性随钠基膨润土用量的变化而变化(图3-24~图3-26)。由实验结果可知，去离子水体系的表观黏度(AV)、塑性黏度(PV)和动切力(YP)随着钠基膨润土含量的增加而迅速增大，这是因为钠基膨润土易发生水化膨胀和水化分散，并且在溶液中形成网络结构，当去离子水中钠基膨润土的加量大于7.5%(质量分数)时，待测溶液黏度增大至无法测量其流变参数。然而，在不同浓度的ADMOS抑制剂溶液体系中，当ADMOS的浓度达到1.0%、2.0%和3.0%(质量分数)时，钠基膨润土的加量分别对应着在15.0%、20.0%和22.5%(质量分数)时，基浆的AV、PV和YP迅速增大，钠基膨润土的最大加量分别为17.5%、25.0%和27.5%(质量分数)。抑制地层黏土造浆实验的结果表明，有机硅酸盐聚合物ADMOS可有效抑制黏土水化膨胀。

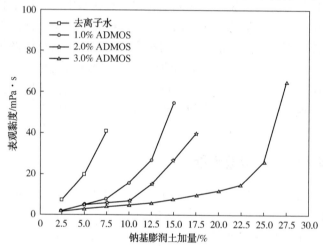

图3-24　不同溶液的表观黏度随钠基膨润土加量的变化(80℃条件下老化16h)

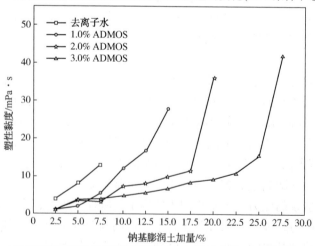

图3-25　不同溶液的塑性黏度随钠基膨润土加量的变化(80℃条件下老化16h)

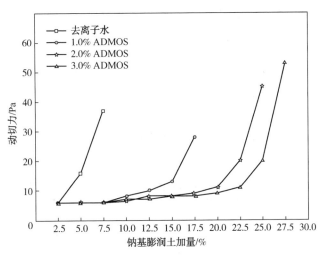

图 3-26　不同溶液的动切力随钠基膨润土加量的变化（80℃条件下老化 16h）

3.5.7　抗冲刷性能

对样品的元素组成采用德国 Elementar 公司的 Vario EL Ⅲ 元素分析仪进行分析。通过对比分析经过冲洗浸泡后元素组成的变化可知，元素含量变化越小，抗冲刷性能越好，以此评价不同抑制剂的抗冲刷性能。

样品的制备方法如下：分别配制 5.0%（质量分数）氯化钾溶液和 1.0%（质量分数）ADMOS 抑制剂溶液，向溶液中加入 4.0% 经过提纯处理的钠基膨润土，高速搅拌 20min 后，恒温振荡 2h，随后密闭静置 24h，待悬浮液分层后，除去上层清液，将下层物质沉淀离心，干燥并通过 200 目筛后粉碎。制备的样品分为两部分：一部分作为空白组直接进行元素分析；另一部分用去离子水冲洗 3 次，浸泡24h。再次取出较低部位的沉淀物，离心、干燥并通过 200 目筛后粉碎，并作为对照组进行元素分析。

如表 3-21 所示，1# 样品为钠基膨润土，2# 样品为 5.0% 氯化钾改性钠基膨润土；3# 样品为 5.0% 氯化钾改性钠基膨润土冲洗后样品；4# 样品为 1.0%ADMOS 抑制剂改性钠基膨润土；5# 样品为 1.0%ADMOS 改性钠基膨润土冲洗后样品。从表3-21 可知，在 5.0% 氯化钾溶液中加入钠基膨润土，悬浊液中钾离子与钠离子会进行离子交换，因此对比分析 1# 和 2# 样品发现其元素分析结果为钾离子含量升高而钠离子含量降低，这也是氯化钾溶液起抑制作用的机理，对比 2# 和 3# 样品的元素分析实验结果可以看出：经过冲洗、浸泡的样品钾离子含量大幅下降，其原因是氯化钾插入晶层间，置换晶层内可交换阳离子，与水分子形成竞争吸附，从而减少了水分子进入黏土晶层间，通过插层吸附的方式抑制黏土水化。因此，当氯化钾改性后的钠基膨润土在去离子水中经过 24h 浸泡后，钾离子会在浓度差的作用下从黏土晶层间置换出来，黏土表面吸附的钾离子含量迅速降低，导致膨润土再次水化膨胀。实验证明：氯化钾只能起到暂时抑制膨润土水化的作用；而 ADMOS 是通过其分子链上的阳离子基团和有机硅基团在黏土颗粒表面形成吸附，因此对比分析 4# 和 5# 样品可以看出，ADMOS 抑制剂改性钠基膨润土经过冲洗、浸泡后样品的 C、H、N 的含量变化仍然较小，这说明 ADMOS 抑制剂与黏土之间存在的吸附作用较强，其化学吸附是通过 Si—O—Si 键与黏土表面形成多点吸附，浸泡冲洗后不易解吸附，具有良好的抗冲刷性能，故能发挥长期抑制作用。

表 3-21　不同抑制剂与黏土作用前后的元素分析结果

1#		2#		3#		4#		5#	
钠基膨润土（提纯）		5.0%氯化钾改性钠基膨润土		5.0%氯化钾改性钠基膨润土冲洗后样品		1.0%ADMOS改性钠基膨润土样品		1.0%ADMOS改性钠基膨润土冲洗后样品	
元素	含量/%	元素	含量/%	元素	含量/%	元素	含量/%	元素	含量/%
K	0.706	K	11.731	K	2.761	C	6.430	C	5.260
Na	2.430	Na	0.260	Na	0.310	H	3.923	H	2.843
Cl	0.827	Cl	11.823	Cl	0.510	N	1.390	N	1.060

注：含量低于 1.0% 的元素仅作为参考。

3.5.8　抑制剂添加浓度对钻井液性能的影响

有机硅酸盐聚合物在钻井液中的加量不足，则抑制效果不能充分显现。但加量过大，则会导致钻井液中的黏土发生絮凝而引起滤失量增大等不良后果。笔者通过实验考察了添加不同浓度 ADMOS 对水基钻井液基浆的流变性及滤失性的影响。

表 3-22 中的实验数据表明，随着基浆中有机硅酸盐聚合物浓度的增大，基浆的黏度也逐渐增大。当浓度达到 1.0%（质量分数）时，基浆的表观黏度达到 26.5mPa·s，说明有机硅酸盐聚合物具有一定的增黏作用。在 150℃ 条件下老化前后，当有机硅酸盐聚合物加量小于 1.0% 时，API 滤失量逐渐减小；当有机硅酸盐聚合物加量大于 1.5% 时，API 滤失量增大且伴随着出现黏土絮凝现象。这是因为 ADMOS 抑制了基浆中黏土颗粒的水化分散，导致基浆中黏土颗粒的粒度增大，粒度分布变窄，大颗粒堆积难以形成致密滤饼，导致滤失量增大。

表3-22　不同浓度ADMOS对水基钻井液基浆的流变性及滤失性的影响

浓度/%	$AV/\text{mPa} \cdot \text{s}$		$PV/\text{mPa} \cdot \text{s}$		YP/Pa		$FL_{\text{API}}/\text{mL}$	
	BHR	AHR	BHR	AHR	BHR	AHR	BHR	AHR
0	7.5	6	6	5	1.5	1	17.2	29.2
0.5	23	11.5	15	8	8	3.5	14	34
1.0	26.5	12.5	15	9	11.5	3.5	8.4	8.8
1.5	18.5	12.5	13	8	5.5	4.5	16.4	20.4
2.0	21	12.5	13	7	8	5.5	25.6	30.4
3.0	25	13	13	8	12	5	32.2	46

注：BHR 表示老化前，AHR 表示老化后。

3.5.9　有机硅酸盐聚合物抑制剂抗高温性能

1. 页岩重复滚动回收率实验

使用同一份样品滚动测量3次，与常规滚动回收率实验不同的是，每次测量称重后再次将样品加入350mL溶液中进行实验，以此类推，重复3次，分别记录并计算3次的回收率。

重复滚动回收率实验的操作条件更为严苛，进行3次实验的目的是进一步评价有机硅酸盐聚合物抑制剂的抗高温性能，通过对比连续3次页岩岩屑回收率实验结果，评价ADMOS抑制剂在高温条件下对页岩岩屑样品水化分散的抑制能力，实验结果如图3-27所示。由页岩重复滚动回收率实验结果可知：与去离子水相比，加入不同浓度的抑制剂后，一次回收率大幅提高；在页岩重复滚动回收率实验中，二次和三次滚动回收率会随着滚动次数的增加不断下降，二次、三次滚动回收率与一次回收率越接近，说明ADMOS抑制剂在高温条件下的有效作用越强，其高温抑制性能越好。

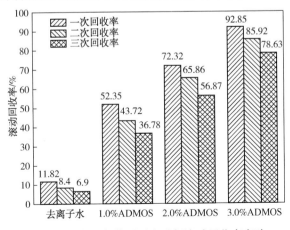

图3-27　高温条件下页岩重复滚动回收率实验

2. 高温高压线性膨胀实验

黏土矿物水化膨胀率随着温度的升高而增大，此外温度还加剧了黏土矿物的水化膨胀初始速度，温度越高，水化膨胀初始速度越大。通过高温高压线性膨胀实验，对不同抑制剂抑制膨润土高温条件下的水化膨胀能力进行了评价。

实验中测定了3.0%（质量分数）ADMOS抑制剂溶液、3.0%（质量分数）聚胺抑制剂溶液及7.0%（质量分数）氯化钾溶液在1.0MPa，以及不同高温条件下24h人造岩心的线性膨胀率，实验结果如图3-28所示。由实验结果可以看出，在90℃、120℃和150℃的去离子水中，人造岩心的线性膨胀率分别达98.93%、118.05%和157.42%，其原因是温度升高加剧了黏土的水化膨胀。黏土颗粒的体积因水化膨胀在吸水后会大幅增大，其原因是黏土矿物的片状结构表面呈现电负性，带有负电的黏土片状结构的层间距因静电斥力的影响而增大，表现为黏土的膨胀。在90℃、120℃和150℃条件下，ADMOS抑制剂溶液中人造岩心的线性膨胀率分别为20.70%、21.39%和31.32%，与其他抑制剂对比，在不同温度下ADMOS抑制剂抑制黏土膨胀的能力最强。高温高压线性膨胀实验结果表明，ADMOS抑制剂的浓度越高，人造岩心的线性膨胀率越低，膨胀速度也相对较小。综上所述，ADMOS抑制剂溶液在常温常压和高温高压的条件下均对黏土矿物的水化膨胀起到良好的抑制作用。

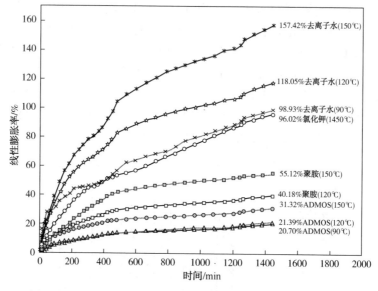

图3-28 不同抑制剂在高温条件下24h人造岩心的线性膨胀率

3.5.10　与氯化钾性能对比

1. 线性膨胀率

由图 3-29 可知，在实验前 180min 内，氯化钾溶液中人造岩心的线性膨胀率增长速度明显小于在其他抑制剂溶液中的增长速度，在第 180min 时氯化钾溶液中人造岩心的线性膨胀率为 20.19%，在 1.0% 和 3.0%（质量分数）ADMOS 抑制剂溶液中人造岩心的线性膨胀率分别为 10.54% 和 11.62%。但随着实验时间的延长，氯化钾溶液中人造岩心的线性膨胀率不断增长，24h 后氯化钾溶液中人造岩心的常温常压线性膨胀率为 48.09%，而 1.0%ADMOS 抑制剂溶液中人造岩心的线性膨胀率为 29.95%，3.0%ADMOS 抑制剂溶液中人造岩心的线性膨胀率仅为 16.57%。从实验结果可以看出，氯化钾作为抑制剂只能起到暂时抑制的作用，而 ADMOS 抑制剂的长期抑制作用要强于氯化钾。

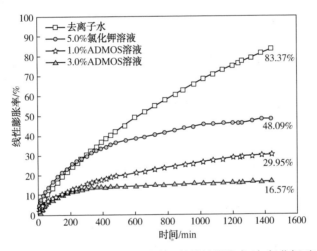

图 3-29　不同浓度抑制剂中人造岩心的线性膨胀率（与氯化钾对比）

为了进一步研究抑制剂与黏土颗粒作用后改变黏土颗粒本身水化能力的抑制性，笔者制备了改性黏土进行线性膨胀实验，样品的具体制备方法如下：分别在去离子水、1.0%ADMOS 溶液和 7.0% 氯化钾溶液中加入一定量的配浆用钠基膨润土，在恒温水浴振荡器中振荡 4h，然后密封静置 24h，除去上清液，将下层沉淀物放入离心机中以 10000r/min 的速度离心，将离心后得到的固相产物先用去离子水洗涤，然后在 105℃ 的真空干燥箱中干燥至恒重。取出后粉碎并过 100 目筛，制得预水化后的膨润土和由不同抑制剂改性后的膨润土三种样品，使用三种不同的改性后的膨润土样品测试其在去离子水中人造岩心的线性膨胀率，实验结果如图 3-30 中所示。

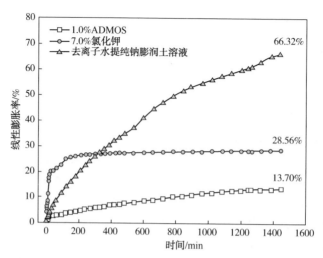

图 3-30 不同抑制剂改性膨润土人造岩心在去离子水中线性膨胀率(与氯化钾对比)

由线性膨胀实验测试结果可知，与原始钠基膨润土相比，由三种改性膨润土制备的人造岩心线性膨胀率都有所降低，其中ADMOS抑制剂改性后的膨润土线性膨胀率降低最为明显，其线性膨胀率远小于去离子水和氯化钾改性膨润土人造岩心线性膨胀率，说明相较于氯化钾，ADMOS抑制剂在黏土颗粒表面形成的吸附更具有长效性，抑制效果也更强。

2. 抑制地层黏土造浆性能

由图 3-31 可知，5.0%(质量分数)氯化钾溶液的钠基膨润土加量达 17.5%时，动切力显著增大，最大膨润土加量为 22.5%；3.0%(质量分数)有机硅酸盐聚合物溶液的钠基膨润土加量达 22.5%时，动切力仍保持较小值(6.0Pa)，钠基膨润土加量达 25.0%时，动切力开始显著增大，最大膨润土加量为 27.5%，可见其抑制膨润土造浆性能优于 5.0%氯化钾溶液。

3. 页岩重复滚动回收率实验

对比 5.0%(质量分数)氯化钾溶液与ADMOS抑制剂溶液连续 3 次页岩岩屑回收率，实验结果如图 3-32 所示。通过实验对比发现，氯化钾抑制剂随着滚动回收率实验次数的增加，二次、三次回收率明显下降(由32.14%分别降至20.32%、11.25%)，说明氯化钾经过多次浸泡、加热，钾离子仍会因溶液中浓度差的作用而释放出来，导致其抑制作用减弱。从本质上讲，目前常用的抑制剂均为通过静电引力与黏土形成物理吸附，在高温下容易发生解吸附。而ADMOS抑制剂是以化学吸附的形式吸附于黏土矿物表面，其吸附较为牢固，在高温条件下仍然具有较强的抑制作用，因此随着滚动回收率实验次数的增加，二次、三次回收率降低不明显。

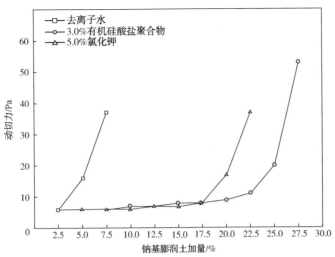

图 3-31 基浆动切力随钠基膨润土加量的变化(与氯化钾对比)

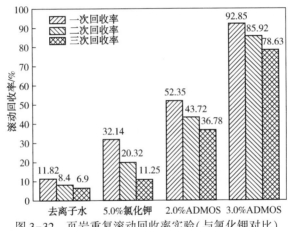

图 3-32 页岩重复滚动回收率实验(与氯化钾对比)

3.5.11 与聚胺抑制剂性能对比

有机硅酸盐聚合物属于有机阳离子页岩抑制剂,因此有必要与同类型的抑制剂进行对比分析。

1. 线性膨胀率

由图 3-33 可知,在 1.0%(质量分数)ADMOS抑制剂溶液和聚胺抑制剂溶液中,人造岩心的线性膨胀率分别为29.95%和34.32%。在 3.0%(质量分数)ADMOS抑制剂溶液和聚胺抑制剂溶液中,人造岩心的线性膨胀率为16.57%和23.30%。从实验结果可以看出,ADMOS抑制剂在常温常压下的线性膨胀率低于聚胺抑制剂的线性膨胀率,其抑制黏土水化膨胀的性能与聚胺抑制剂的性能相比更强。

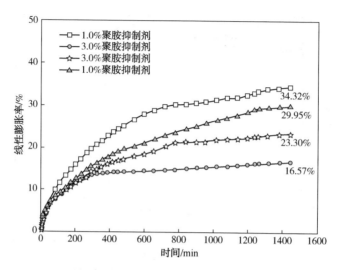

图 3-33　不同浓度抑制剂溶液中人造岩心的线性膨胀率(与聚胺抑制剂对比)

2. 抑制地层黏土造浆性能

由图 3-34 可知，3.0%(质量分数)聚胺抑制剂溶液的钠基膨润土加量达 17.5%(质量分数)时，动切力显著增大，最大膨润土加量为 20.0%。3.0%(质量分数)有机硅酸盐聚合物溶液的钠基膨润土加量达 22.5%时，动切力仍保持较小值(6.0Pa)，钠基膨润土加量达 25.0%时，动切力开始显著增大，最大膨润土加量为 27.5%，可见 3%有机硅酸盐聚合物抑制膨润土造浆性能优于 3.0%聚胺抑制剂。

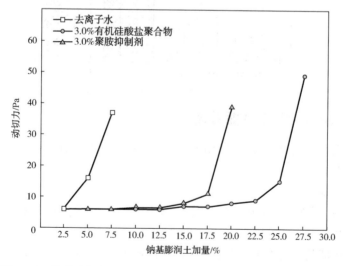

图 3-34　基浆动切力随钠基膨润土加量的变化(与聚胺抑制剂对比)

3. 页岩重复滚动回收率实验

对比聚胺抑制剂溶液与ADMOS抑制剂溶液连续3次页岩岩屑回收率，实验结果如图3-35所示。通过实验对比发现，加入不同抑制剂后，一次回收率均大幅提高，而聚胺抑制剂溶液中随着实验次数的增加，二次、三次回收率明显下降，ADMOS抑制剂溶液中二次、三次回收率的降幅较小，说明ADMOS抑制剂在高温条件下吸附性较强，抑制性也优于聚胺抑制剂。

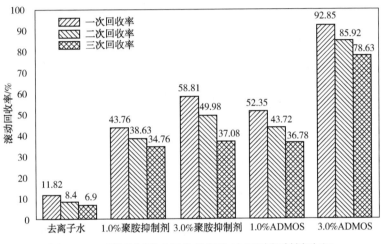

图3-35　页岩重复滚动回收率实验(与聚胺抑制剂对比)

3.5.12　与甲酸盐性能对比

1. 线性膨胀率

由图3-36可知，在1.0%、3.0%(质量分数)ADMOS抑制剂溶液中人造岩心的线性膨胀率分别为29.95%、16.57%，均优于3.0%(质量分数)甲酸盐抑制剂溶液中人造岩心的线性膨胀率(36.67%)。从实验结果可以看出，ADMOS抑制剂溶液中人造岩心在常温常压条件下的线性膨胀率明显低于甲酸盐抑制剂中人造岩心的线性膨胀率，说明ADMOS抑制剂抑制黏土水化膨胀的性能更优。

2. 抑制地层黏土造浆性能

由图3-37可知，3.0%(质量分数)甲酸盐抑制剂溶液的钠基膨润土加量达17.5%时，动切力显著增大，最大膨润土加量为22.5%。3.0%(质量分数)有机硅酸盐聚合物溶液的钠基膨润土加量达22.5%时，动切力仍保持较小值(6.0Pa)，钠基膨润土加量达25.0%时，动切力开始显著增大，最大膨润土加量为27.5%，可见3.0%有机硅酸盐聚合物抑制膨润土造浆性能优于3.0%甲酸盐抑制剂。

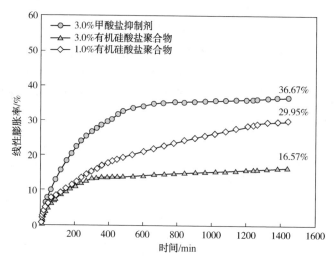

图 3-36　不同浓度抑制剂溶液中人造岩心的线性膨胀率(与甲酸盐抑制剂对比)

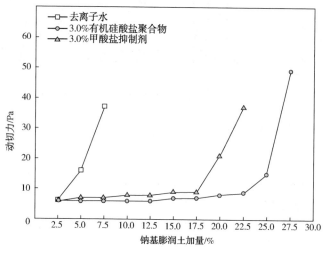

图 3-37　基浆动切力随钠基膨润土加量的变化(与甲酸盐抑制剂对比)

3.6　本章小结

(1)本章基于化学吸附的优越性,结合分子结构设计,优选了丙烯酸、二甲氧基甲基乙烯基硅烷与甲基丙烯酰氧乙基三甲基氯化铵三种反应单体,首次采用乳液聚合方法在水相体系中制备了一种小分子有机硅酸盐聚合物抑制剂(ADMOS),并以产物在150℃条件下的滚动回收率作为评价标准,采用正交实验和单因素实验确定了其最适宜的反应条件：反应温度为 70℃ ，引发剂加量为 0.3% ，乳化剂加量为 5.0% ，单体总浓度为 25.0% ，pH 值为 5.5 ，单体摩尔比为 3∶1(AA∶DMC=3∶1) ，有机硅单体加量为 5.0% 。通过对合成产物理化性能进行评价，初步证明新型有机硅酸盐聚合物产品本身在高温条件下具有良好的热稳定性能和抑制性能。

（2）采用 FTIR、^{1}H NMR、有机元素测定、GPC 与 TG-DTG 等实验方法，对有机硅酸盐聚合物的分子结构进行了表征，并对聚合物的理化性能进行了研究及评价。FTIR、^{1}H NMR 和有机元素分析结果显示：ADMOS抑制剂结构与所设计结构一致；GPC 结果显示：ADMOS抑制剂重均分子量为 3994 ，相对分子质量分布较窄；TG-DTG 结果证明：ADMOS抑制剂具有良好的热稳定性，热分解温度为 339.67℃ ；冻融循环实验证明：ADMOS抑制剂具有良好的低温贮存性。实验结果表明：新合成的ADMOS抑制剂满足了页岩抑制剂分子结构的设计要求，与设计预期相符，且其本身具备良好耐高温性能。

第4章　有机硅酸盐聚合物抑制剂作用机理

4.1　吸附特性分析

4.1.1　ζ电位

配制不同浓度的有机硅酸盐抑制剂，向其中分别加入4.0%（质量分数）钠基膨润土，加入后调节悬浊液的pH值为9，高速搅拌20min后，放入老化罐中静置24h。在不同实验温度下老化16h，取出冷却后在25℃条件下测ζ电位。ζ电位反映了黏土颗粒表面的带电情况，ζ电位值是表征胶体分散体系稳定性的重要参数，基浆体系实际上是膨润土颗粒在去离子水中形成的胶体分散体系，对于胶体分散体系而言，黏土颗粒的ζ电位绝对值反映了体系的稳定性：ζ电位绝对值越大，说明体系越稳定。ζ电位绝对值越小，说明体系越分散。测量不同浓度ADMOS抑制剂溶液中加入4.0%钠基膨润土在不同温度条件下老化后的ζ电位，ζ电位的绝对值越小，说明黏土颗粒的分散性越强。有机硅酸盐聚合物抑制剂吸附在黏土颗粒带负电的表面，减少了黏土矿物上的总电荷并使其表面疏水，相关文献研究结果表明，如果黏土矿物的表面电荷减少20%，那么黏土矿物的水化分散作用就会受到抑制。

图4-1实验结果显示，在25℃时，4.0%钠基膨润土溶液的ζ电位为-36.2mV，随着加入ADMOS抑制剂浓度的增加，吸附量相应增加，ζ电位的绝对值也随之改变，其原因是抑制剂分子在黏土颗粒表面形成的吸附改变了胶体体系ζ电位的绝对值。从高温实验结果可以看出，高温会加剧黏土的水化膨胀和水化分散，4.0%钠基膨润土溶液的ζ电位值随着温度的升高，其绝对值不断增大，在150℃条件下老化16h后，4.0%钠基膨润土溶液的ζ电位值为-43.2mV，而3.0%ADMOS抑制剂溶液中的ζ电位为-28.0mV，说明ADMOS抑制剂抑制了ζ电位绝对值增大的趋势。

实验结果表明，ADMOS抑制剂在高温条件下仍然可以有效地阻止膨润土的水化膨胀和水化分散，其吸附后产生的屏蔽效果为减小了黏土颗粒的双电层的厚度，随着ADMOS抑制剂浓度的增大，这种效果更为明显，说明ADMOS抑制剂在高温条件下具有优异的吸附性能。

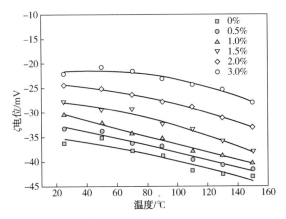

图 4-1　不同温度条件下 ADMOS 抑制剂对黏土颗粒 ζ 电位的影响

4.1.2　对膨润土 ζ 电位的影响

向去离子水中加入 1.0%(质量分数)钠基膨润土,使用高速搅拌器以 8000r/min 的速度搅拌 20min,待溶液充分分散为膨润土悬浮液后,分别添加不同的抑制剂,再密闭静置 24h 后取出,使用英国马尔文仪器有限公司生产的 Zetasizer 3000nm 粒度及电位仪测试悬浮液的 ζ 电位,由此评价不同抑制剂浓度对黏土颗粒表面 ζ 电位的影响。

通过测量膨润土悬浮液体系的 ζ 电位,观察黏土颗粒表面带电情况的变化,ζ 电位的绝对值反映了黏土胶体体系的分散情况,ζ 电位绝对值越小,胶体体系的分散性越好。在加入抑制剂以后,胶体体系黏土颗粒表面 ζ 电位的绝对值减小 20%,将大幅降低黏土矿物的水敏性(图 4-2)。

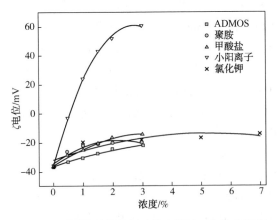

图 4-2　不同类型抑制剂对黏土颗粒 ζ 电位的影响

由图 4-2 可以看出，不同类型抑制剂对黏土颗粒 ζ 电位的影响有区别：随着小阳离子抑制剂浓度的增大，黏土颗粒的 ζ 电位绝对值迅速减小，当小阳离子抑制剂浓度超过 1.0% 之后，发生了电性反转，这是因为小阳离子抑制剂是利用其正电性与呈负电性的黏土颗粒形成吸附，并嵌入黏土晶层之间，导致体系的电性发生反转而显示正电性。

氯化钾和甲酸盐通过压缩双电层发挥抑制黏土水化膨胀的作用，从它们对黏土颗粒 ζ 电位绝对值的影响可以看出，甲酸盐比氯化钾减小 ζ 电位绝对值的幅度更大，压缩双电层的效果更为明显，抑制作用也比氯化钾更强。对于有机硅酸盐聚合物抑制剂ADMOS而言，其对于基浆体系的 ζ 电位影响表现出与聚胺、甲酸盐类似的规律。随着抑制剂浓度的增大，基浆体系的 ζ 电位绝对值逐渐减小，主要原因有两个：一个是由于ADMOS抑制剂中含有的胺基基团是阳离子基团，会中和黏土上的部分负电荷；另一个是ADMOS抑制剂侧链上的有机硅单体中含有的硅羟基水解后，与黏土表面裸露的羟基形成 Si—O—Si 吸附，改变了黏土颗粒表面的层电荷。

当ADMOS抑制剂在黏土表面达到动态吸附平衡时，基浆体系的 ζ 电位保持稳定，其绝对值不再发生改变，这说明ADMOS抑制剂可以减弱黏土颗粒之间的静电斥力，从而抑制黏土颗粒的水化膨胀和水化分散。同时，ADMOS抑制剂对基浆体系的 ζ 电位绝对值改变幅度相对较小，对体系的稳定性影响不大，抑制剂相对较温和，作为抑制剂加入水基钻井液体系时不会像小阳离子抑制剂那样造成体系的电位反转、突变，甚至与其他钻井液处理剂存在配伍性较差、相互影响等问题。

4.1.3 TOC 等温吸附实验

实验仪器：Multi N/C 2100 TOC/TN 仪（德国耶拿分析仪器股份公司生产）。实验材料准备：在高速搅拌（8000r/min）的条件下，配制 4.0%（质量分数）钠基膨润土基浆，密闭养护 24h，取下层悬浮液，用高速离心机以 10000r/min 的转速离心 20min。取出下层沉淀物用去离子水洗涤，在 105℃ 的真空干燥箱中干燥至恒重，粉碎后过 100 目筛，制备得到提纯的钠基膨润土样品。用亚甲基蓝法测定并记录纯化的钠基膨润土样品的阳离子交换容量为 95.0mmol/100g。

对有机碳含量（TOC）采用总有机碳/总氮分析仪（Multi N/C 2100 TOC/TN 仪）进行测试，具体实验步骤如下：

（1）首先按照 1.0%（质量分数）配制钠基膨润土悬浮液并密闭养护 24h，随后配制ADMOS抑制剂溶液，备用。

（2）取相同体积的ADMOS抑制剂溶液和钠基膨润土悬浮液并混合，在 25℃ 恒温水浴振荡器中振荡不同时间，用以绘制ADMOS抑制剂与黏土矿物吸附量随时间变化的动态吸附曲线。

（3）取等体积的步骤（2）中制备的ADMOS抑制剂/钠基膨润土混合液，使用离心机离心（转速为10000r/min，时间为30min），用滴管取离心后样品上层清液并按照10~100ppm的浓度范围进行稀释，测定上层清液的总有机碳含量，计算方法见式（4-1）：

$$\gamma = \frac{V(C_0 - C)}{m} \tag{4-1}$$

式中　γ——吸附量，g/g；

　　　C_0——聚合物初始浓度，g/L；

　　　C——吸附后聚合物浓度，g/L；

　　　V——吸附体系体积，L；

　　　m——黏土质量，g。

ADMOS抑制剂与黏土颗粒的动态吸附曲线如图4-3所示，由图中的实验结果可知，ADMOS抑制剂在钠基膨润土表面吸附速度较快，30min后吸附量基本保持稳定，吸附量约为48.31mg/g，55min左右吸附基本达到平衡状态，饱和吸附量约为54.56mg/g。实验结果表明，ADMOS抑制剂与黏土颗粒表面存在强吸附作用。高温吸附实验是将ADMOS抑制剂溶液与钠基膨润土悬浮液混合后，在不同温度下老化2h再进行计算，实验结果如图4-4所示，在不同温度（50~200℃）下老化2h后，再在相同高温下测定ADMOS抑制剂的吸附量。ADMOS抑制剂在钠基膨润土表面的饱和吸附量随着老化温度的不断升高而逐渐下降。当温度为150℃时，ADMOS抑制剂的饱和吸附量为42.17mg/g。结果表明，ADMOS抑制剂在黏土颗粒表面的吸附在温度达到150℃以上时才开始表现出明显的解吸附现象，高温条件下仍保持一定的吸附量。

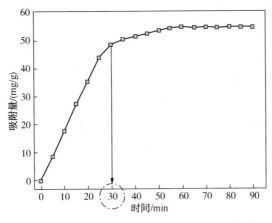

图4-3　ADMOS抑制剂与黏土颗粒的动态吸附曲线

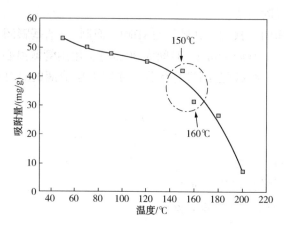

图 4-4 温度对ADMOS抑制剂饱和吸附量的影响

4.1.4 钠基膨润土/ADMOS改性土红外实验

改性土样品的制备方法如下：在 2.0%（质量分数）钠基膨润土悬浮液中加入 3.0%（质量分数）ADMOS抑制剂，将膨润土样品在 25℃恒温水浴振荡器中振荡 12h，待吸附达到平衡状态后，再密封放置 12h。随后取下层沉淀物进行离心，用去离子水反复洗涤 3 次，在 105℃真空干燥箱中干燥至恒重，粉碎后过 200 目筛，制得改性土样品，用以进行红外光谱分析。

图 4-5 为经提纯的钠基膨润土和ADMOS改性土的红外光谱图。在提纯后的钠基膨润土红外光谱图中，$3630cm^{-1}$ 处的伸缩振动吸收峰被识别为—OH 的特征峰，经过ADMOS抑制剂改性后的膨润土在 $3630cm^{-1}$ 处的特征峰强度减弱，说明黏土表面的羟基减少，与ADMOS抑制剂侧链上的硅羟基结合形成了 Si—O—Si；$1035cm^{-1}$ 处的伸缩振动吸收峰被识别为 Si—O—Si 的特征吸收峰。由实验结果可知，ADMOS改性土的主要吸收峰没有发生改变，说明钠基膨润土的基本结构没有发生变化。同时，ADMOS-MMT 曲线上出现了新的吸收峰，其中：$2929cm^{-1}$ 处的伸缩振动吸收峰被识别为甲基；$1724cm^{-1}$ 处的弯曲振动吸收峰是 AA 中的 C=O 特征识别峰；$1558cm^{-1}$ 处的伸缩振动峰是二甲氧基甲基乙烯基硅烷中—Si—C 的特征识别峰。对比ADMOS、Na-MMT 和ADMOS-MMT 三者的红外光谱曲线可以看出，ADMOS抑制剂已经在膨润土表面形成了吸附，且根据ADMOS-MMT 红外光谱曲线中观察到 Si—O—Si 的形成，说明ADMOS抑制剂与 Na-MMT 形成的吸附属于化学吸附。

4.1.5 高温吸附量分析

采用紫外分光光度计法测试有机硅酸盐聚合物抑制剂在膨润土表面的吸附，

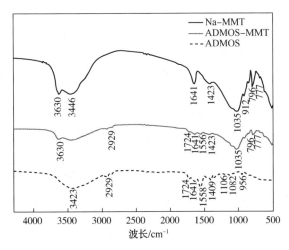

图 4-5　经提纯的钠基膨润土和ADMOS改性土的红外光谱图

通过计算聚合物在黏土颗粒表面的吸附量，研究ADMOS抑制剂在高温条件下的解吸附情况，具体实验步骤如下：

（1）将100g钠基膨润土加入100mL双氧水中，使用高速搅拌器搅拌悬浮液30min（转速为6000r/min），静置密闭24h，取出下层悬浮液，用高速离心机以10000r/min的转速离心20min，用去离子水冲洗下层沉淀物，放入真空干燥箱中，在105℃真空干燥箱中干燥至恒重，过100目筛后粉碎备用。对钠基膨润土提纯的目的是除去钠基膨润土中的杂质，避免其对聚合物溶液透光度产生干扰。

（2）将1.0g提纯后（去除有机质）的钠基膨润土加入100mL去离子水中，同时按照实验设计的待测浓度加入ADMOS抑制剂配制成悬浊液。用恒温水浴振荡器在25℃条件下振荡12h，使ADMOS抑制剂与膨润土的吸附达到平衡状态，随后放入老化罐中按照实验温度老化16h，取出后再次将混合液在10000r/min的条件下离心20min，用移液管取出部分上层清液测试其透光度。

（3）推算有机硅酸盐聚合物在钠基膨润土表面的吸附量，计算见式（4-2）：

$$K_{吸附量} = \frac{\left(m_{处理剂} - m_{滤液} \times \dfrac{P}{L} \right) \times 1000}{m_{膨润土}} \tag{4-2}$$

式中　$K_{吸附量}$——处理剂在膨润土上的吸附量，mg/g；

　　　$m_{膨润土}$——悬浮液中膨润土的质量，g；

　　　$m_{处理剂}$——悬浮液中处理剂的质量，g；

　　　$m_{滤液}$——滤液的质量，g；

　　　P——滤液中的碳元素质量分数，%；

　　　L——碳元素在处理剂分子中的理论质量分数，%。

图4-6为温度对ADMOS抑制剂吸附性能的影响规律曲线。笔者分别测试了不同温度下不同浓度的有机硅酸盐聚合物在钠基膨润土表面的吸附量的变化，并绘制了吸附量曲线。从图中曲线可以看出，在相同温度下，随着浓度的增大，ADMOS抑制剂在黏土表面的吸附量迅速增加，当浓度达到300mg/L时，吸附量逐渐平缓增加，浓度达到500mg/L后，吸附量趋于饱和。在50℃条件下，聚合物在黏土表面的饱和吸附为53.23mg/g，随着温度的升高，饱和吸附量相应地下降，90℃时的饱和吸附量为48.02mg/g，吸附能力较强；有机硅酸盐聚合物的饱和吸附量随温度继续升高至150℃而有所下降，为42.17mg/g。继续升温至180℃、200℃，饱和吸附量相比于150℃以下开始出现明显下降趋势，但仍然保持着较高的吸附量，吸附量分别为31.33mg/g和26.53mg/g。

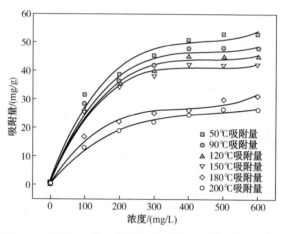

图4-6　温度对ADMOS抑制剂吸附性能的影响规律曲线

出现上述现象的原因是ADMOS抑制剂分子中含有阳离子吸附基团，依靠静电作用可以在黏土表面迅速形成吸附。ADMOS抑制剂分子侧链上的有机硅基团所含 Si—O—CH$_3$ 水解生成 Si—OH，与黏土表面—OH 脱水缩合，在黏土表面形成 Si—O—Si 的化学吸附。硅氧键的键能高达 460kJ/mol，形成的化学吸附稳定性非常强，ADMOS抑制剂作为一种有机硅酸盐聚合物，它与黏土表面的吸附最终是通过硅氧键实现的化学吸附，因此抑制剂分子在黏土矿物表面吸附所形成的"聚合物膜"不容易受到高温作用的影响而导致吸附失效，能够较好地发挥抑制页岩水化分散的作用，这一结果也与高温性能评价实验中表明的ADMOS抑制剂在150℃范围内具有良好抑制能力相一致。通过上述实验，可以验证ADMOS抑制剂在高温条件下的解吸附能力，说明其具有良好的抗高温抑制性能。

4.2　黏土水化晶层间距分析

根据水分子与黏土矿物的结合方式的不同，通常把地层中与黏土结合的水分子分为结晶水、吸附水和自由水。黏土矿物中的这三种水分子分别在各自特定的条件下才会解吸附，由此衍生出一系列评价抑制剂性能的新方法，如黏土晶层变化分析、热重差热分析(TG-DSC)、红外光谱分析(FTIR)等。

黏土晶层变化分析是通过测量材料的间隔(D-spacing)来确定其抑制能力的技术之一，通过观测黏土晶层间距的变化可知晶层间水的吸附量，从而间接反映处理剂抑制黏土水化的能力，晶层间距越小，抑制剂抑制性能相对越强，具体实验步骤如下：

配制一定浓度的抑制剂溶液，在高速搅拌的条件下，向溶液中加入一定量的膨润土，配制成混合液，再经离心分离制得提纯的ADMOS抑制剂改性钠基膨润土。将提纯的ADMOS抑制剂改性钠基膨润土分为两部分：一部分用于进行湿样品的黏土晶层变化分析；另一部分在105℃干燥箱中干燥，然后将其研磨成细粉，再进行黏土晶层变化分析。测试条件为：扫描角度为小角度(角度范围为 $2\theta = 3° \sim 15°$)，测试电压为45kV，电流为35mA，扫描步长为0.016(无量纲)，扫描速率为 11.82°/min。利用布拉格方程 $2d\sin\theta = n\lambda$ 计算晶层间距 d (其中 $\lambda = 0.154nm$，反射级数 $n = 1$)。将膨润土样品浸泡在页岩抑制剂溶液中，吸附后经离心得到改性土。膨润土样品的湿润部分表明晶层间距减小，这意味着页岩抑制剂可以将水从晶层中排出，并产生较强的吸附能力。膨润土样品的干燥部分表明晶层间距增大，这意味着黏土矿物的插层能力较强。根据黏土矿物中不同类型的水分子会在特定的温度下解吸附这一特性，可以利用 TG-DSC 法确定黏土晶层间吸附水的类型，还可以进一步评价结合水的含量。FTIR 法作为评价抑制剂性能的一种方法，是利用红外光谱检测样品中的特征官能团，例如对于提纯的膨润土红外光谱，可以在 $1900cm^{-1}$ 附近将观察到的特征吸收峰识别为黏土晶层间自由水，根据特征吸收峰的强度和位置变化，能够进一步对晶层间水量的变化进行定量分析。另外，还可以根据黏土与抑制剂复合材料中某些特征官能团的变化，判断抑制剂与膨润土的作用属于化学吸附还是物理吸附。

与原始钠基膨润土相比，经不同浓度ADMOS抑制剂浸泡后的改性土晶层间距变化如图4-7所示。提纯后的钠基膨润土晶层间距为 1.29nm，在不存在抑制剂的去离子水中钠基膨润土自然水化膨胀，其晶层间距增大至 1.91nm。说明钠基膨润土经过ADMOS抑制剂改性后，聚合物在黏土颗粒表面形成化学吸附，并形成致密的聚合物膜，阻止了水分子与黏土颗粒进一步作用，因此阻止了晶层间距的增大。钠基膨润土的晶层间距随着ADMOS抑制剂浓度的增大而进一步减小，当ADMOS抑制剂浓度为 0.5%（质量分数）时，晶层间距减小至 1.67nm；当ADMOS抑制剂浓度达到 1.0%（质量分数）时，晶层间距减小至 1.52nm，说明ADMOS抑制剂的加入有效减小了钠基膨润土的晶层间距，降低了黏土颗粒的水化程度；之后，进一步增大ADMOS抑制剂的浓度，发现改性土的晶层间距不再继续增大，其原因是ADMOS抑制剂在黏土颗粒表面吸附达到饱和状态，因此改性后钠基膨润土的晶层间距基本保持恒定。

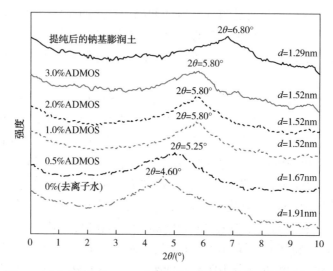

图 4-7　经不同浓度ADMOS抑制剂浸泡后的改性土晶层间距变化

由以上结果可以看出，ADMOS抑制剂对钠基膨润土谱峰位置的影响不大，说明在一定浓度范围内，ADMOS抑制剂能够阻止水分子进一步与黏土颗粒发生作用，减弱了膨润土在去离子水中晶层间距增大的趋势，压缩了膨润土的水化晶层间距，有效抑制了膨润土的水化分散，且不会造成黏土颗粒絮凝，明显降低了膨润土的层间水含量。

温度是影响水敏性黏土矿物水化的重要因素之一，温度升高会明显地加剧黏土颗粒的水化作用，钠基膨润土的晶层间距随着温度的升高而逐渐增大。图 4-8 显示了由 1.0%（质量分数）ADMOS改性的钠基膨润土在不同温度条件下老化 30min 后的 XRD 图谱。当温度为 40℃、60℃、100℃、120℃、150℃和180℃时，钠基膨润土颗粒的晶层间距分别为 1.60nm、1.56nm、1.60nm、1.62nm、1.71nm 和 1.95nm，实验结果表明，钠基膨润土的晶层间距随着温度的升高而逐渐增大。由图 4-8 可知，当温度达到 180℃时，钠基膨润土的晶层间距增大至 1.95nm，其晶层间距已经超过钠基膨润土在室温下去离子水中的晶层间距（$d=1.91$nm）。

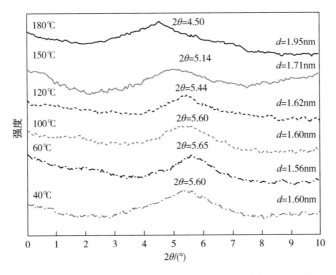

图 4-8 1.0%ADMOS改性的钠基膨润土在不同温度下老化 30min 的 XRD 图谱

由实验结果可知，当温度达到180℃以上时，在此温度下，ADMOS抑制剂已经不能有效地抑制黏土矿物的水化。通过对实验结果进行分析可以推测，ADMOS抑制剂抑制黏土水化分散和水化膨胀的机理可能是ADMOS抑制剂可以利用聚合物侧链上的阳离子基团快速地嵌入水敏性黏土矿物的层状结构中，侧链上的阳离子基团与黏土形成氢键吸附，减小了黏土矿物的晶层间距（物理吸附），同时ADMOS抑制剂与黏土颗粒表面的硅羟基形成 Si—O—Si 强吸附，将相邻的层状黏土卡片结构牢固地结合在一起，形成聚合物疏水膜（化学吸附），ADMOS抑制剂通过物理吸附和化学吸附两方面的协同作用，有效地防止了水基钻井液中水分子的侵入对水敏性黏土矿物层状结构的影响，减弱了黏土的水化分散和水化膨胀。

4.3 膨润土层间含水量分析

在 2.0%（质量分数）钠基膨润土悬浮液中加入不同浓度的ADMOS抑制剂，设置转速为 8000r/min，搅拌 20min，静置 24h 后离心。将离心后的下部沉淀物用去离子水冲洗 3 次。然后置于真空干燥箱中在 105℃条件下干燥至恒重，粉碎后过200 目筛，得到ADMOS改性土，用于热重分析，实验温度设定为 40～1000℃，升温速率为 10.0K/min，保护气体为氮气（通入速率 20.0mL/min）。

钠基膨润土层间含水量是反映黏土水化作用的重要指标。由图 4-9 的测试结果可知，改性后的钠基膨润土表面吸附了ADMOS抑制剂，可将其热重曲线分为四个典型的失重阶段：在第一、第二两个阶段（40~200℃），钠基膨润土改性前后的失重主要是由吸附水和晶间结合水的解吸附造成的。

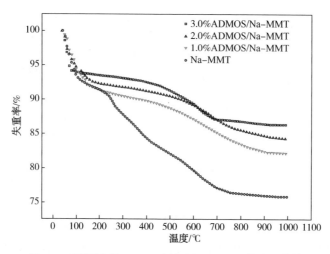

图4-9　不同浓度ADMOS改性土/Na-MMT 热失重曲线

失重的第一阶段的温度范围为40~100℃，此阶段的失重是由黏土表面的吸附水解吸附引起的。失重的第二阶段的温度范围为100~200℃，此阶段的失重是由钠基膨润土层间水化离子表面的水分子和硅羟基解吸附造成的，对比此温度范围内原始 Na-MMT 和ADMOS改性土的热失重曲线，可以看出经过ADMOS改性的黏土样品在此温度阶段热失重比率较未改性的黏土样品的失重比率明显要小，间接证明了ADMOS抑制剂与黏土矿物表面形成了化学吸附，吸附过程消耗了表面的硅羟基，因此黏土表面的硅羟基含量变少了，ADMOS抑制剂水解后与黏土表面的硅羟基发生缩聚，生成 Si—O—Si，由 Si—O—Si 形成的吸附为化学吸附，键能较高，在此温度范围内不会造成解吸附。失重的第三阶段的温度范围为200~700℃，此阶段的失重持续时间较长，其原因是钠基膨润土层间和ADMOS抑制剂中有机物的热分解；失重的第四阶段的温度范围为700~800℃，此阶段的失重原因是黏土矿物的脱羟基作用生成无水蒙脱石。在此之后，温度继续上升，热失重曲线显示在800~1000℃趋于恒重，不再发生质量损失。由实验结果可以看出，随着浓度的增大，有机硅酸盐聚合物抑制剂ADMOS在黏土表面的吸附量也随之增加，当ADMOS抑制剂浓度超过2.0%（质量分数）之后，改性的钠基膨润土失重率变化较小，这说明ADMOS抑制剂吸附在钠基膨润土表面可以有效降低膨润土的层间含水量。

4.4　润湿性分析

　　接触角法是将实验的测试条件假设为固体界面的表面是绝对水平和光滑的，但实际上液滴在外力作用下在固体表面运动，由于固体表面的粗糙度的影响，会产生润湿滞后现象。当液滴在固体表面达到平衡状态时，假定均匀表面与固液之间不存在特殊效应，那么气-液-固三相交界面处的力学作用可以使用杨氏方程进行计算：

$$\sigma_{sg} = \sigma_{sl} + \sigma_{lg}cos\theta_{st} \tag{4-3}$$

式中　σ_{sg}——固气之间的界面张力，N/m；

　　　σ_{sl}——固液之间的界面张力，N/m；

　　　σ_{lg}——液气之间的界面张力，N/m；

　　　θ_{st}——液相在三相交界处的接触角，(°)。

　　接触角法具备操作简单、测量准确等优点，是衡量固体表面润湿性的重要手段之一，适合用于定量评价岩心表面润湿性，接触角越小则亲水性越强。在水基钻井液中，黏土与水之间的亲和力越弱，则水越不容易润湿固体，越有利于保持水敏性黏土矿物的稳定性。接触角测定仪和数据采集系统如图4-10所示。

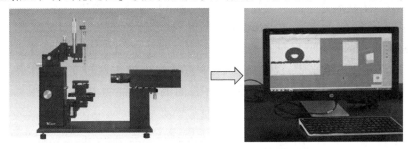

图4-10　接触角测定仪和数据采集系统

　　页岩抑制剂与地层中的黏土矿物发生反应，将润湿性从亲水性表面变为疏水性表面。为了评价抑制剂改性后页岩润湿性的改变，采用接触角法开展实验测试。为了更好地模拟钻井液中抑制剂改变地层井壁润湿性的实际情况，将由API滤失实验制备的钻井液滤饼作为基底进行接触角实验，测量并观察接触角的变化规律，具体测量步骤如下：配制钻井液基浆，加入不同浓度的ADMOS抑制剂，分别测150℃条件下老化前后的API滤失量，取出泥饼后反复冲洗，置于真空干燥箱中于100℃下烘干至恒重；在接触角测定仪上利用微量移液器将5.0μL去离子水液滴滴在不同样品表面上，静置2min后再采用测量软件放大岩石表面和液滴形貌，利用仪器所配相机在光源照射下拍摄液滴照片，测量并记录接触角(图4-11)。

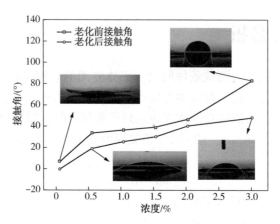

图 4-11　加入不同浓度的ADMOS抑制剂老化前后 API 滤失泥饼接触角变化

由图 4-12 可知，滤饼表面初始状态是强亲水状态，即水相在泥饼表面的接触角在老化前后分别为 7.4° 和 0°。在加入不同浓度的ADMOS抑制剂后，泥饼的接触角也随之改变，随着ADMOS抑制剂浓度的增大，老化前后的接触角也不断增大，当浓度达到 3.0%（质量分数）时，水相在泥饼表面老化前后的接触角也达到最大，分别为 83.0° 和 48.1°。这种现象可以解释为：当浓度较低时，ADMOS抑制剂分子的吸附量较小，不足以形成聚合物疏水膜，仅仅是"封堵"了黏土颗粒间的部分孔隙和裂缝，致使接触角变大。黏土颗粒表面的ADMOS抑制剂分子的吸附量随着ADMOS抑制剂浓度增大而增加，逐步形成了一层致密的聚合物疏水膜，泥饼表面的润湿性也由亲水性转变为疏水性。随着浓度的继续增大，ADMOS抑制剂在泥饼表面的吸附能力基本趋于饱和，润湿性也逐渐变得稳定。

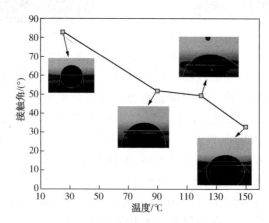

图 4-12　不同温度下加入 3.0% ADMOS抑制剂 API 滤失泥饼接触角变化

接触角随着温度升高而减小。接触角由 25℃ 时的 83° 变为 150℃ 时的 32.7°，这是由于老化后的高温作用加剧了黏土颗粒的水化分散，且在高温下 ADMOS 抑制剂的饱和吸附量下降，泥饼中黏土上的 ADMOS 抑制剂部分发生解吸附，导致高温下泥饼接触角减小，但是总体来讲，在加入 ADMOS 抑制剂后，API 泥饼疏水性都得到明显增强。

为了直观地观察 ADMOS 抑制剂对页岩岩样润湿程度的改变，选用天然页岩岩心样品作为基底，测定润湿性的改变情况，页岩岩心表面亲水性改变接触角测定实验步骤如下：将待测页岩岩心样品的待测表面用一定目数的细砂纸打磨至平整光滑，将打磨好的岩心样品完全浸入一定浓度的 ADMOS 抑制剂溶液中，密闭静置 16h（老化后的样品制备是将装有样品的老化罐放入老化炉中 16h，只进行升温加热但不滚动），完成后取出样品并放入真空干燥箱中干燥至恒重。去离子水在未改性的原始页岩岩心表面得接触角为 21°，去离子水在 3.0%（质量分数）ADMOS 抑制剂改性后的页岩表面的接触角为 73°，在 150℃ 条件下老化后，去离子水在 3.0%ADMOS 抑制剂改性后的页岩表面的接触角减小至 54°，相较于原始岩心，去离子水在 ADMOS 改性后的岩心表面老化前后的接触角均有所增大。实验结果如图 4-13 所示。

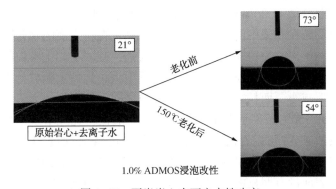

图 4-13 页岩岩心表面亲水性改变

由接触角实验结果可以看出，加入 ADMOS 抑制剂后，有利于水基钻井液在井壁上形成的滤饼发挥一定的疏水特性，ADMOS 抑制剂本身在原始页岩表面吸附后也会造成润湿性改善，能够发挥稳定井壁、抑制地层黏土水化的作用。

4.5 微观形貌分析

借助扫描电子显微镜和 X 射线能谱仪，科研工作者已经在观测和分析黏土矿物微观形貌特征、研究黏土矿物元素组成和页岩储层岩心微纳米孔隙观察等方面开展了大量研究工作。采用扫描电子显微镜和 X 射线能谱仪联用的方法，研究人员还可以观测和分析页岩样品与抑制剂作用前后黏土矿物微观形貌的变化，判断页岩抑制剂与黏土之间是否发生物理吸附或化学吸附，从而得到抑制剂是否能够进入黏土晶层间并改变黏土外观形貌的相关结论。

4.5.1 API 滤失泥饼微观形貌

微观形貌分析实验使用的是 ZEISS EVO LS-15 型扫描电子显微镜(SEM，德国 ZEISS 公司生产)，为了消除充电效应、改善成像质量，对该实验中所用的样品均进行了喷金处理。

钠基膨润土基浆/1.0%ADMOS泥饼的 SEM 扫描表面形貌图像如图 4-14 所示。其中，图 4-14(a)所示的是在 2000 倍放大倍数下老化前基浆 API 滤失泥饼的扫描电镜图，反映了滤饼的原始样貌，从图中可以看出，黏土颗粒预水化后黏土颗粒间的斥力相对较小，可以看到很多不规则的黏土颗粒团聚、堆积，泥饼表面存在大小不一的孔洞与缝隙。图 4-14(c)所示的是 150℃条件下老化后基浆滤饼的微观样貌，从图中可以看出，基浆滤饼呈现出片状颗粒沉积，表面松散，堆积结构疏松，可见大量微孔隙。这是由于在 150℃条件下基浆受到温度的影响，同时发生了高温分散和高温聚结，高温分散增强了水分子与黏土颗粒表面的作用，导致黏土颗粒在基浆中的粒径分布较窄。黏土颗粒表面的水化膜变薄，高温还促进了 Al^{3+} 的解离，使得黏土表面电负性变强，减弱了黏土颗粒间斥力。高温聚结导致基浆体系中黏土颗粒团聚，基浆体系中大粒径黏土颗粒比例增大，小粒径黏土颗粒比例减小，而粒径较小的黏土颗粒之间的相互作用力很小，很容易被外力分离，因此 150℃条件下老化后的泥饼表面疏松，孔隙增多，导致滤失量增大。对比观察图 4-14 可以看出：未加入抑制剂的基浆泥饼的 SEM 图像中泥饼的结构比较粗糙，表面存在大量的孔洞和裂缝；加入了 1.0%ADMOS抑制剂后基浆所形成的泥饼表面没有明显的孔洞和裂缝，泥饼表面的黏土大颗粒的数量明显减少，形成的泥饼变得平坦、光滑、致密。经过 150℃老化后，加入ADMOS抑制剂的泥饼厚度相对较薄，但是对比基浆老化后的泥饼仍相对地保持了表面致密、平整，未观察到明显的孔洞与缝隙。基浆/ADMOS老化前后 API 泥饼的扫描电镜结果表明，ADMOS抑制剂分子吸附在黏土颗粒的边缘，并且能够通过多点吸附在泥饼表面形成一层聚合物薄膜，改变了亲水性，有效地阻止了水分子进入页岩；在水基钻井液基浆体系中加入适量的ADMOS抑制剂，能够帮助体系提高常温和高温条件下的聚结稳定性，使得基浆体系中的黏土颗粒粒度分布保持在较宽的范围内，保证了基浆中小粒径的黏土颗粒的比例，有利于黏土颗粒逐级填充，在高温条件下仍能够形成结构致密、平整光滑的泥饼，从而降低体系的滤失量。

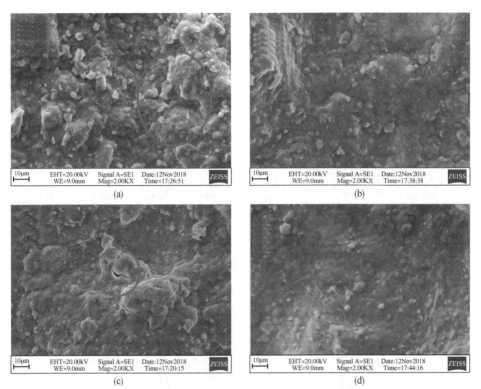

图4-14　API滤失泥饼的扫描电镜图(放大2000倍)

4.5.2　页岩表面微观形貌

图4-15(a)、图4-15(c)、图4-15(e)是原始页岩在不同放大倍数下的扫描电镜图像。图4-15(b)、图4-15(d)、图4-15(f)是原始页岩样品经1.0%ADMOS抑制剂溶液浸泡改性的图像。改性岩心样品的制备方法如下：将原始页岩样品放入1.0%(质量分数)ADMOS抑制剂溶液中浸泡，一起置于老化罐中密闭加热16h(老化炉只加热不滚动)，随后取出放入真空干燥箱(60℃)中干燥至恒重，使用去离子水浸泡并反复冲洗页岩样品后，再次放入真空干燥箱(60℃)中干燥至恒重。通过观察页岩样品同一位置不同放大倍数(分别为1000倍、3000倍和5000倍)下的表面微观形貌，可以清楚地看到原始页岩表面层理发育，含有大量的微裂缝和孔隙，结合页岩表面EDS分析(图4-16、图4-17)，页岩样品中有机质充填在微孔隙和微裂缝中，层理和微裂缝多发育在有机质边缘。对比观察经过有机硅酸盐聚合物ADMOS抑制剂改性的页岩样品表面微观形貌的变化，可以看出改性的页岩样品表面趋于平整和光滑，未见明显的微孔隙与微裂缝，可以观察到明显的半透明聚合物膜，说明ADMOS抑制剂在页岩样品表面吸附后形成致密的聚合物膜，覆盖了页岩的原貌。

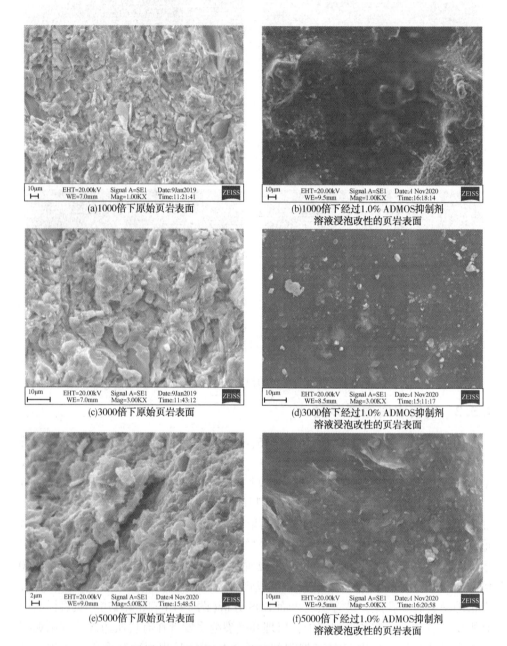

(a)1000倍下原始页岩表面

(b)1000倍下经过1.0% ADMOS抑制剂
溶液浸泡改性的页岩表面

(c)3000倍下原始页岩表面

(d)3000倍下经过1.0% ADMOS抑制剂
溶液浸泡改性的页岩表面

(e)5000倍下原始页岩表面

(f)5000倍下经过1.0% ADMOS抑制剂
溶液浸泡改性的页岩表面

图4-15　原始页岩在不同放大倍数下和经 1.0%
ADMOS抑制剂溶液浸泡改性的扫描电镜图像

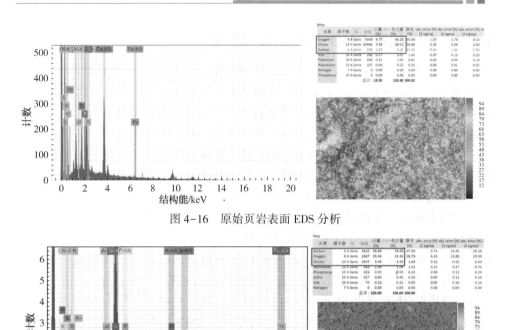

Map

元素	原子数	线	净值	质量 [%]	归一化质量 [%]	原子 [%]	abs. error [%] (1 sigma)	abs. error [%] (2 sigma)	abs. error [%] (3 sigma)
Oxygen	8	K-Serie	5693	8.77	46.28	55.69	1.87	2.73	4.10
Silicon	14	K-Serie	30446	7.43	39.21	26.88	0.35	0.69	1.04
Carbon	6	K-Serie	299	1.82	9.62	15.42	0.63	1.26	1.89
Iron	26	K-Serie	242	0.57	[illegible]	1.04	0.07	0.13	0.20
Potassium	19	K-Serie	396	0.31	1.65	0.81	0.05	0.09	0.14
Aluminium	13	K-Serie	151	0.04	0.22	0.16	0.00	0.01	0.01
Nitrogen	7	K-Serie	0	0.00	0.00	0.00	0.00	0.00	0.00
Phosphorus	15	K-Serie	0	0.00	0.00	0.00	0.00	0.00	0.00
			总计：	18.95	100.00	100.00			

图 4-16　原始页岩表面 EDS 分析

Map

元素	原子数	线	净值	质量 [%]	归一化质量 [%]	原子 [%]	abs. error [%] (1 sigma)	abs. error [%] (2 sigma)	abs. error [%] (3 sigma)
Carbon	6	K-Serie	3816	58.88	58.88	67.50	9.73	19.45	29.18
Oxygen	8	K-Serie	1667	33.46	33.46	28.79	6.65	13.30	19.95
Silicon	14	K-Serie	1847	3.45	3.45	1.69	0.21	0.42	0.63
Aluminium	13	K-Serie	683	2.98	2.98	1.52	0.24	0.47	0.71
Phosphorus	15	K-Serie	423	0.55	0.55	0.24	0.06	0.13	0.19
Sulfur	16	K-Serie	527	0.46	0.46	0.20	0.05	0.11	0.16
Iron	26	K-Serie	74	0.22	0.22	0.05	0.05	0.10	0.16
Nitrogen	7	K-Serie	0	0.00	0.00	0.00	0.00	0.00	0.00
			总计：	100.00	100.00	100.00			

图 4-17　经过 1.0% ADMOS抑制剂溶液改性的页岩表面 EDS 分析

注：实验用的页岩岩心表面采用氩离子抛光打磨。

4.5.3　页岩表面元素成分

结合图 4-16 和图 4-17EDS 分析图，进一步研究页岩表面组分的变化，可以看出页岩表面经过ADMOS溶液改性后，在样品表面的碳元素归一化质量分数由 9.62%上升为 58.88%，氧元素归一化质量分数由 46.28%变为 33.46%，硅元素归一化质量分数由 9.62%变为 3.45%。与未处理的页岩样品表面不同，经ADMOS溶液改性后，页岩样品表面碳元素和氧元素比例大幅上升，硅元素含量有所下降，改性后页岩样品表面的元素比例与ADMOS抑制剂的各元素质量组成的理论值相近，推测页岩样品表面的一层薄膜是由于有机硅酸盐聚合物吸附形成的，SEM 和 EDS 实验充分证明了ADMOS抑制剂与页岩表面发生了反应并成功实现吸附，另外，经过 150℃高温老化后的ADMOS抑制剂仍可以有效地吸附在页岩表面，在高温条件下不会发生解吸附，形成的有机硅酸盐聚合物膜较为致密、牢固，能够有效地阻止水分子进入页岩，因此ADMOS抑制剂在高温条件下对页岩的水化分散仍然可以起到强抑制作用。

4.5.4 岩样表面ADMOS吸附膜微观形貌

利用原子力显微镜（AFM）研究了ADMOS抑制剂形成聚合物膜的精准形态，AFM型号为Bruker Dimension Icon，分别使用旋涂法和滴定法制样，将ADMOS乳液样品按照3.0%（质量分数）的浓度进行稀释，充分分散后将样品分为两份。旋涂法制样的条件为：转速4000r/min，制样时间10s，旋涂法仪器型号Karl Suss RC8。利用AFM获得ADMOS抑制剂在天然云母片表面制成的两份样品的聚合物膜微观形貌，实验结果如图4-18所示。由于新剥离的云母片非常平整，易于加工，所以选用天然云母片作为载体，且天然云母片的结构与天然页岩岩心结构相似，它们表面都存在裸露的硅羟基，ADMOS抑制剂在天然云母片上吸附成膜的机理与其在天然页岩岩心上吸附成膜的机理相同，聚合物成膜符合实际应用条件。使用旋涂法制样是为了更好地观察ADMOS抑制剂成膜的微观形貌，使用滴定法制样是为了得到聚合物膜的边缘，以便测定聚合物的膜厚度。由实验结果可知，天然云母片表面粗糙度由10nm上升为25~45nm，借助AFM可以看到聚合物吸附在天然云母片表面后形成了致密、光滑、平整的薄膜，说明聚合物中含有硅氧烷基团的侧链在成膜过程中可以定向排列，吸附在黏土表面时具有多层或者梯度结构，有利于形成高质量的聚合物膜。

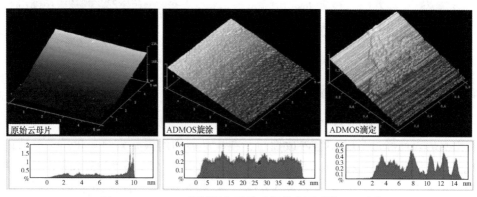

图4-18　ADMOS抑制剂在天然云母片表面成膜AFM图

4.6　吸附机理分析

4.6.1　Si—O—Si成键吸附

1. 核磁共振硅谱（^{29}Si NMR）

由于黏土本身就带有Si—O—Si，采用红外光谱、核磁共振等手段仅能证明

ADMOS抑制剂与黏土发生了吸附，不能证明ADMOS抑制剂与黏土的吸附为化学吸附，因此借助^{29}Si NMR 准确分析改性黏土表面的硅烷结构，证实ADMOS抑制剂侧链有机硅基团水解后与黏土表面硅羟基在吸附过程中生成了新的化学键（Si—O—Si）。图4-19 为ADMOS改性 Na-MMT 的^{29}Si NMR 图谱，化学位移分别位于-104.21ppm、-118.26ppm 处，属于 q 型结构（-80.0~120.0ppm）。利用核磁共振硅谱（^{29}Si NMR）对 ADMOS改性土进行分析，核磁共振硅谱仪型号为Bruker AVANCE Ⅲ HD，扫描频率为 400.0MHz H/X，双共振固体探针为 4.0mm ZrO$_2$，设定转子频率为 14.0kHz，检测的频率为 79.49MHz，采样时间 5.12μs，谱宽 55.0kHz，循环延时时间 9.0μs，每小时扫描次数 12 次，使用聚二甲基硅烷作为标准物质。

ADMOS抑制剂分子结构中的有机硅单体侧链水解后与黏土表面羟基形成吸附，ADMOS改性 Na-MMT 样品发生表面吸附后，存在两种结构：一种是ADMOS抑制剂分子结构侧链上有机硅基团中与硅相连的一个—Si—CH$_3$，对应化学位移为-104.21ppm；另一种是图4-19 所示的原始膨润土的^{29}Si NMR 图谱，其对应的化学位移为-93.4ppm。对比图4-20 可以看出，黏土^{29}Si NMR 图谱中特征峰强度大幅减弱，且图4-20 中未检出有机硅基团中与硅相连的两个—Si—O—CH$_3$ 对应的化学位移(-102.0ppm)，对比以上^{29}Si NMR 图谱，说明ADMOS抑制剂分子结构侧链上的两个—Si—O—CH$_3$ 水解后与黏土表面硅羟基脱水缩合形成新的化学键 Si—O—Si—R，且黏土表面的硅羟基数量减少，新化学键对应的化学位移推测为-118.26ppm。

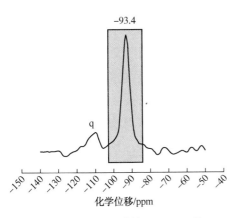

图 4-19　ADMOS改性 Na-MMT 的 ^{29}Si NMR 图谱

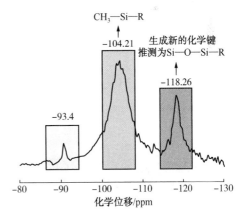

图 4-20　ADMOS改性 Na-MMT 的 ^{29}Si NMR 图谱对比

通过对比 Na-MMT 和ADMOS改性 Na-MMT^{29}Si NMR 图谱，可以证明ADMOS抑制剂通过侧链水解与黏土表面的硅羟基形成新的化学键，即ADMOS与黏土的吸附是化学吸附。

2. 红外光谱和热重分析联用（TG-FTIR）

红外光谱和热重分析联用选用的实验仪器为 TG（梅特勒 TGA-2 型）+FTIR（赛默飞 IS-50 型），TG-FTIR 实验是将梅特勒 TGA-2 型热重天平的气相出口与赛默飞 IS-50 型红外分析仪通过聚四氟乙烯管线连接。

ADMOS改性 Na-MMT 热解气体析出三维图（图 4-21）中 3 个坐标分别代表的是吸光度、波长和时间。图 4-21 表示随着时间的延长，温度升高，不同温度下样品析出气体的红外吸收光谱。结合图 4-22，在 100~200℃ 的失重是由钠基膨润土中硅羟基的解吸附造成的，ADMOS抑制剂在黏土表面吸附后导致黏土表面的硅羟基数量变少，在此温度范围内失重率比未经过ADMOS抑制剂改性的原始膨润土失重率小，原始膨润土在此温度范围内质量分数由 93.59% 降为 91.54%，降低了 2.05%；ADMOS改性后的膨润土样品在此温度范围内质量分数由 93.97% 降为 93.51%，降低了 0.46%。黏土表面硅羟基数量的变化和 100~200℃ 解吸附物质的红外光谱结果可以证明：ADMOS中的 $Si—O—CH_3$ 水解后与黏土表面的 $Si—OH$ 缩聚，生成了 $Si—O—Si$，即证明在ADMOS的吸附过程中生成了新的化学键。由于 $Si—O—Si$ 在此温度范围内不会发生热分解，所以在此温度范围内ADMOS改性土的失重率小于原始膨润土的失重率。

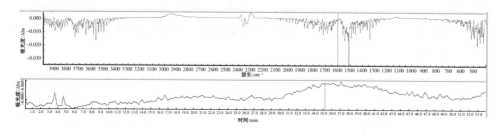

图 4-21 ADMOS改性 Na-MMT 热解气体析出三维图

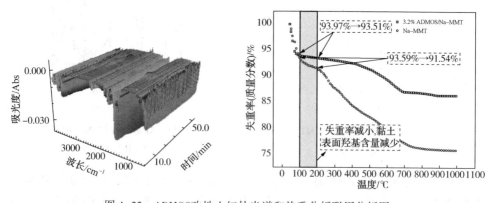

图 4-22 ADMOS改性土红外光谱和热重分析联用分析图

4.6.2 化学-物理协同吸附

笔者建立了一套研究聚合物与黏土吸附的分子模拟分析方法，并运用该方法对吸附实验的结论进行了验证，从分子水平上对ADMOS抑制剂的化学-物理协同吸附机理作出了合理的解释和分析。

在建模过程中，为了使模型更符合实际地层情况，首先使用蒙脱石对黏土矿物储层进行建模。蒙脱石是一种2∶1阳离子黏土矿物，其中铝氧（AlO_6）八面体片夹在两个二氧化硅（SiO_2）四面体片之间。蒙脱石的原子结构从美国矿物晶体结构数据库中查阅，使用蒙脱石晶胞拓展构造了双层黏土骨架模型，层间配衡粒子为 Na^+，基面的横向尺寸在 x 和 y 方向上分别为 5.49nm 和 3.05nm，厚度为 1.5nm。八面体薄片中 8 个 Al^{3+} 中的一个被 Mg^{2+} 均匀取代。在这个模拟过程中，所有蒙脱石原子均被固定，使用 CLAYFF 力场进行描述，构建并优化黏土模型，对模拟系统中的水分子用单点电荷模型（SPC/E）描述，水分子的键角和键长分别设置为 109.47nm 和 0.100nm。对聚合物分子用 CVFF 力场描述，聚合物中 A∶B∶C=1∶1∶1，链节长度为 7。所有的模拟过程均基于 LAMMPS（Large-scale Atomic/Molecular Massively Parallel Simulator）软件包，并在 NVT 系综下进行。分子动力学过程模拟基于速度 Verlet 算法，模拟的时间步长为 0.1fs。使用 Nose-Hoover 控温方法将温度控制在指定温度范围内。利用石墨板施加压力从而实现对压力的控制（0.1MPa）。对模拟边界使用周期性边界条件，以此建立图 4-23 中所示的聚合物分子模型，研究ADMOS抑制剂与黏土表面的吸附机理和ADMOS抑制剂在黏土晶层断面上吸附、封堵的作用机理（图 4-24）。

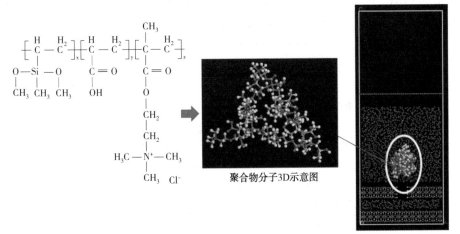

聚合物分子3D示意图

聚合物-蒙脱石断面吸附图

图 4-23 模型构建与优化-晶层断面吸附、封堵模型图

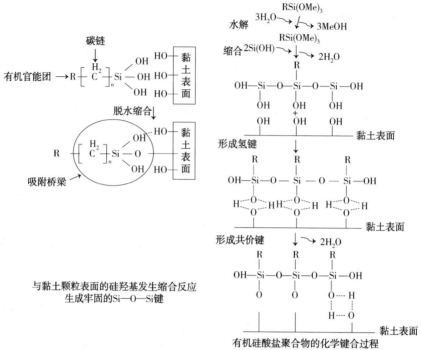

图 4-24　有机硅酸盐聚合物ADMOS抑制剂与黏土作用机理示意图

1. ADMOS抑制剂与蒙脱石相互作用分子模拟定性分析(温度为 298K)

由图 4-25 中分子吸附轨迹可知，聚合物吸附时，由于 DMC 基团带正电，可优先吸附在带负电的蒙脱石表面，随后二甲氧基甲基乙烯基硅烷中的 Si—O—CH$_3$ 水解生成 Si—OH，可与黏土矿物断面处裸露的羟基形成 Si—O—Si 强吸附(吸附机理如图 4-24 所示)，从而实现对页岩表面微裂缝和微孔隙的封堵。

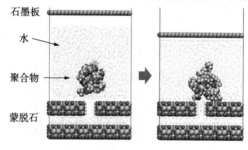

分子模拟初始构型　　　　分子模拟2ns构型

图 4-25　ADMOS抑制剂与蒙脱石相互作用分子模拟定性分析示意图

2. ADMOS抑制剂与蒙脱石相互作用分子模拟定量分析(温度为 298K)

由ADMOS抑制剂与蒙脱石相互作用能随时间的变化(图 4-26)可以看出，分子间的相互作用能越小，分子间的相互作用越大。

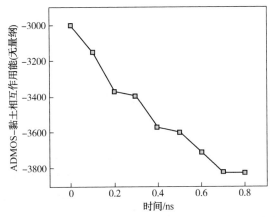

图 4-26　ADMOS抑制剂与蒙脱石相互作用能随时间的变化图

随着模拟的进行，聚合物与蒙脱石分子之间的相互作用能不断下降，相互作用不断增强，因此蒙脱石分子在黏土表面的吸附能力增强。

由模拟实验的结果可以看出：ADMOS抑制剂可在矿物断面处裸露的羟基位点处形成 Si—O—Si 强吸附，封堵页岩表面微裂缝和微孔隙；聚合物中的含硅氧烷基团的侧链在成膜过程中可以定向排列、吸附在黏土表面上，具有多层或者梯度结构，生成了高质量、平滑的聚合物疏水膜(图 4-27)。

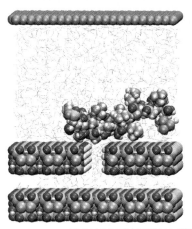

图 4-27　ADMOS抑制剂分子吸附轨迹模拟图

4.7　本章小结

（1）借助红外光谱分析、X 射线衍射分析、ζ 电位测试、热重分析及接触角法等实验方法，揭示了性能优异的有机硅酸盐聚合物ADMOS作为一种新型抗高温强抑制剂的作用机理：ADMOS聚合物分子侧链上的阳离子基团快速地嵌入水敏性黏土矿物的层状结构中，与黏土形成氢键吸附，减小了黏土矿物的晶层间距（物理吸附），减弱了膨润土在去离子水中晶层间距增大的趋势，压缩了膨润土的水化晶层间距，产生的屏蔽效应可以减小黏土颗粒的双电层厚度。同时，ADMOS抑制剂在黏土颗粒表面与硅羟基形成化学吸附，并将黏土中相邻的层状卡片结构牢固地结合在一起。ADMOS抑制剂通过物理和化学的协同吸附作用，在页岩表面形成聚合物疏水膜，有效地防止了水基钻井液中的水分子侵入对水敏性黏土矿物层状结构的影响，大幅减弱了黏土的水化分散和水化膨胀。

（2）通过吸附实验，证明了ADMOS抑制剂在高温条件下不会发生解吸附，这是因为ADMOS抑制剂通过其分子侧链上的有机硅基团与黏土表面的硅羟基形成 Si—O—Si 吸附，这是一种化学吸附且吸附能较强，不会因为高温导致解吸附，ADMOS抑制剂形成的聚合物膜能够有效地阻止水分子进入页岩，因此ADMOS抑制剂在高温条件下对页岩的水化分散仍然可以起到强抑制作用。通过 ^{29}Si NMR和 TG-FTIR 实验，进一步证明了在ADMOS抑制剂与黏土的吸附中有新的化学键生成，即ADMOS抑制剂产生的作用是化学吸附。

（3）借助扫描电子显微镜、X 射线能谱分析和原子力显微镜等研究了ADMOS抑制剂成膜的微观形貌。实验结果表明，在水基钻井液基浆体系中加入适量的ADMOS抑制剂，能够帮助体系提高常温和高温条件下的聚结稳定性，使得基浆体系中的黏土颗粒粒度分布保持在较宽的范围内，保证基浆中小粒径的黏土颗粒的比例，有利于黏土颗粒逐级填充，在高温条件下仍能形成结构致密、平整光滑的泥饼，ADMOS抑制剂在抑制黏土水化的同时具有一定的降低体系滤失量的作用。采用实验对ADMOS抑制剂形成的聚合物膜进行表征，可以发现ADMOS抑制剂能够形成致密、光滑、平整的薄膜，结合接触角实验可知，加入ADMOS抑制剂可以改善水基钻井液 API 滤饼的疏水性，且ADMOS抑制剂在原始页岩表面吸附能够形成聚合物疏水膜，发挥稳定井壁、抑制地层黏土水化的作用。

第5章 有机硅酸盐聚合物水基钻井液体系构建

有机硅酸盐聚合物抑制剂的性能实验研究与机理分析结果证明了笔者制备的抑制剂在水基钻井液中具备良好的抗高温强抑制性能，基于不同处理剂的性能特点及抗高温强抑制水基钻井液体系的性能要求，以合成的有机硅酸盐聚合物抑制剂为核心，选配其他必要的辅助处理剂，提出构建抗高温强抑制有机硅酸盐聚合物水基钻井液体系的构建思路。

5.1 水基钻井液体系构建思路

（1）首先考虑地层岩石结构，页岩地层中往往发育较多的裂隙结构，便于钻井液的进入和流动。在钻井时，钻井液的侵入具有一定的规律性特征，一般会首先侵入页岩层，这主要与毛细管力等因素的影响有关，很少的钻井液侵入之后就会增大井壁裂隙压力，影响液柱压力对井壁的支撑效果。此外，地层应力无法保持平衡，很容易在裂隙、层理方向上出现滑移，这与它们属于力学弱面直接相关。为了有效地解决上述问题，需要通过一定的方式封堵页岩层中的裂隙，即对钻井液的使用提出了较高的要求，确保裂隙及层理被封堵之后能够提高井壁的稳定性，防止出现坍塌等事故。尽管当前在此领域的研究成果较多，且已研制出了多种类型的钻井液，但是在实现对小裂隙的有效封堵方面还存在薄弱之处。在进行钻井液体系构建时，可以进一步引入微纳米封堵材料作为辅剂，将其与传统的钻井液组合应用，基于粒度级配的方式，形成高可靠封堵层，使井壁得到有效支撑。

（2）其次考虑矿物成分，龙马溪组页岩样品中的黏土矿物多为伊利石，膨胀性黏土矿物较少，受水化膜短程斥力等因素的影响，水化界面的稳定性降低，容易发生破裂，而且受黏土水化的影响，裂隙结构会出现显著的变化，在进一步发展和延伸之后可能形成剪切破坏，从而降低了页岩强度，容易发生井壁坍塌等危险事故。综合考虑上述因素，需要采用合适的抑制剂来减轻黏土水化带来的影响，尽量将水化作用抑制在较低的水平。ADMOS抑制剂能够利用氢键和共价键的作用，使有机硅单体在黏土表面达到更高的吸附强度，将邻近的黏土片层联结，而在黏土表面构成的疏水层有助于减弱水化能力，基于这种方式，使黏土水化得到了有效抑制。

（3）将钻井液密度保持在一定范围内，通过合理调整液柱压力，可以提高井壁的稳定性，一般将液柱压力保持在相对较高的水平时有助于发挥出更佳的支撑效果。

（4）对于裂缝性页岩地层，钻井液漏失属于常见的现象，一旦发生该问题，不仅处理难度大，同时会增大漏失量，导致成本提高，所以需要认真对待该问题并选择合适的封堵材料，从而提高钻井液的封堵效果。

以有机硅酸盐聚合物抑制剂ADMOS为关键处理剂，通过与其他处理剂的复配实验，确定一套适用于页岩地层的水基钻井液体系。

5.2 水基钻井液体系构建及性能评价

5.2.1 钻井液处理剂选配

1. 包被剂优选

抗高温有机硅酸盐聚合物水基钻井液体系以有机硅酸盐聚合物抑制剂ADMOS为主要抑制剂，首先在基浆中单独加入ADMOS抑制剂测试150℃条件下的滚动回收率，发现在ADMOS抑制剂加入4.0%（质量分数）基浆中测试的滚动回收率要小于ADMOS单剂在水溶液中的滚动回收率，其原因是ADMOS抑制剂单独加入基浆中，与基浆中预水化的膨润土颗粒表面的羟基产生作用，吸附在基浆中的黏土颗粒上，ADMOS抑制剂分子侧链的有机硅官能团被消耗，能够与井壁和地层岩屑形成吸附的"活性侧链"变少，所以当ADMOS单独加入膨润土基浆中滚动回收率远远低于在去离子水中的滚动回收率。因此，有必要优选一种大分子包被剂作为辅剂，利用包被剂对基浆中的膨润土预先产生包被作用，能够与ADMOS抑制剂形成协同效应，最大限度地保存ADMOS抑制剂分子侧链上硅氧烷基团的活性，达到钻井液体系总体抑制效果要求。使用不同包被剂与ADMOS抑制剂进行配伍，采用页岩岩屑滚动回收率评价抑制泥页岩水化分散性能，优选实验及结果见表5-1和图5-1。

表5-1 不同包被剂与ADMOS抑制剂组配优选

序　号	编　号
1	去离子水
2	去离子水+0.3% KPAM

续表

序　号	编　号
3	去离子水+0.1% FA-367
4	去离子水+1.0% ADMOS
5	4.0%基浆+0.3% KPAM
6	4.0%基浆+0.1t% FA-367
7	4.0%基浆+1.0% ADMOS
8	2.0%基浆+1.0% ADMOS
9	4.0%基浆+0.3% KPAM+1.0% ADMOS
10	4.0%基浆+0.1% FA-367+1.0% ADMOS

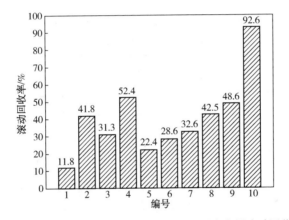

图 5-1　不同包被剂与ADMOS抑制剂选配(页岩岩屑滚动回收率)

由实验结果可知，FA-367与ADMOS协同作用下体系滚动回收率最高，同时综合考虑滚动回收率和处理剂成本，优选 FA-367 作为抗高温强抑制有机硅酸盐聚合物水基钻井液体系包被剂。

2. 降滤失剂优选

在 4.0%(质量分数)膨润土基浆中加入不同处理剂，以老化前后流变性能、API 滤失量(FL_{API})和高温高压滤失量(FL_{HTHP})为评价指标进行降滤失剂优选，实验结果如图 5-2 所示。

由图 5-2 可知，4.0% 基浆经 150℃/16h 老化后的 API 滤失量最大，为29.2mL；1.0%PAC-LV、1.0%CMC-LV 和 1.0%DSP-1 这 3 种降滤失剂滤失量最小。综合基浆体系流变性能测试结果，对 1.0%PAC-LV、1.0%CMC-LV 和1.0%DSP-1 这 3 种降滤失剂进一步进行优选，实验结果如表 5-2 所示。

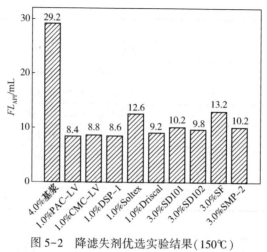

图 5-2　降滤失剂优选实验结果（150℃）

表 5-2　钻井液体系降滤失剂优选

样　　　品	测试条件	$AV/$ mPa·s	$PV/$ mPa·s	$YP/$ Pa	$FL_{API}/$ mL	$FL_{HTHP}/$ mL
4.0%基浆	老化前	7.5	6	1.5	17.2	—
	老化后	6	5	1	29.2	87
4.0%膨润土浆+1.0% PAC-LV	老化前	23	18	5	6.4	—
	老化后	20	17	3	8.4	32.2
4.0%膨润土浆+1.0%CMC-LV	老化前	28	22	6	8.2	—
	老化后	24	19	5	8.8	37.2
4.0%膨润土浆+1.0%DSP-1	老化前	40	27	13	6	—
	老化后	26	19	7	8.6	32.8

注：老化温度150℃，时间16h。

综合考虑基浆老化前后黏度、滤失量及处理剂成本等因素，最终优选 PAV-LV 作为抗高温强抑制有机硅酸盐聚合物水基钻井液体系降滤失剂。

3. 润滑剂优选

使用极压润滑仪测试加入不同润滑剂基浆的极压润滑系数。实验基浆为：4.0%基浆+0.1% FA-367+0.5%CMJ-2+1.0% PAC-LV+1.0% ADMOS+2.0% NP-1+润滑剂+85.0%重晶石，优选结果如表5-3及图5-3所示。

表 5-3　润滑剂优选

编　　　号	样　　　品
1	实验基浆
2	实验基浆+2.0%RH-3

续表

编　　号	样　　品
3	实验基浆+2.0%油酸甲酯
4	实验基浆+2.0%乳化沥青（O 型）
5	实验基浆+2.0%乳化沥青（W 型）

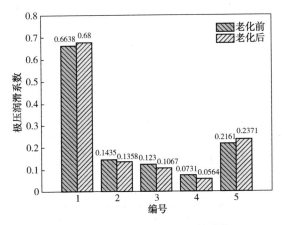

图 5-3　不同润滑剂极压润滑系数

由实验结果可知，加入 2.0%乳化沥青（O 型）的钻井液体系老化前后的极压润滑系数较小，且乳化沥青（O 型）与实验基浆的配伍性较好，优选其作为钻井液体系的润滑剂。

5.2.2　钻井液体系配方优化

以研制的 ADMOS 抑制剂为核心，在上述必要的辅助单剂选配实验的基础上，设计了适用于页岩地层的抗高温强抑制有机硅酸盐聚合物水基钻井液体系 AD-SHALE 系列配方。基于现场使用条件，进行钻井液配方初步优选实验研究，AD-SHALE 系列配方如下：

ADSHALE-1：4.0%膨润土基浆+0.1% FA-367+0.5% CMJ-2+0.5% PAC-LV+2.0% NP-1+2.0%乳化沥青（O 型）+1.0% ADMOS+重晶石（1.5g/cm³）。

ADSHALE-2：4.0%膨润土基浆+0.1% FA-367+0.5% CMJ-2+0.5% PAC-LV+2.0% NP-1+2.0%乳化沥青（O 型）+1.0% BTM-2+重晶石（1.5g/cm³）。

ADSHALE-3：4.0%膨润土基浆+0.1% FA-367+0.5% CMJ-2+0.5% PAC-LV+2.0% NP-1+2.0%乳化沥青（O 型）+1.0%聚胺抑制剂+重晶石（1.5g/cm³）。

ADSHALE-4：4.0%膨润土基浆+0.1% FA-367+0.5% CMJ-2+0.5% PAC-LV+2.0% NP-1+2.0%乳化沥青（O 型）+1.0% AP-1+重晶石（1.5g/cm³）。

通过综合比较150℃/16h 老化前后 ADSHALE 系列配方钻井液的流变性、滤失性和抑制性优选ADMOS体系配方，实验结果见表5-4及图5-4。

表5-4 **ADSHALE 系列配方钻井液的流变及滤失性能测试结果**

配方编号	配方代号	测试条件	$AV/$ mPa·s	$PV/$ mPa·s	$YP/$ Pa	YP/PV	$FL_{API}/$ mL	$FL_{HTHP}/$ mL
1	4.0%基浆	老化前	7.5	6	1.5	0.250	17.2	—
		老化后	6	5	1	0.200	29.2	87
2	ADSHALE-1	老化前	52.5	40	12.5	0.313	3.1	—
		老化后	47	35	12	0.343	3.4	16.4
3	ADSHALE-2	老化前	51	39	12	0.308	3.6	—
		老化后	45	34	11	0.324	3.2	17.2
4	ADSHALE-3	老化前	49.5	38	11.5	0.303	3.8	—
		老化后	43	34	9	0.265	4.2	16.8
5	ADSHALE-4	老化前	52	41	11	0.268	4.0	—
		老化后	48	37	11	0.297	3.8	17.6

注：编号 2~5 的配方优选时使用重晶石统一加重至 1.5g/cm³；老化温度 150℃，时间 16h。

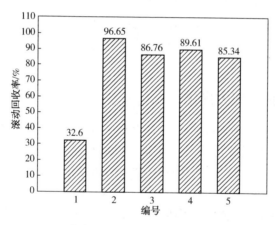

图5-4 ADSHALE 系列配方钻井液中页岩岩屑滚动回收率测试结果

由实验结果可知：构建的抗高温强抑制有机硅酸盐聚合物水基钻井液 AD-SHALE 体系，在 150℃/16h 老化前后的流变性能稳定，具有良好的抗高温、强抑制作用效果；构建的 ADSHALE 系列配方中，ADSHALE-1 配方钻井液的 API 滤失量和 HTHP 滤失量均较小，且该配方钻井液中的页岩岩屑滚动回收率最高，因此确定 ADSHALE-1 为 ADSHALE 钻井液体系的最优配方，文中的 ADSHALE 钻井液体系性能评价均采用 ADSHALE-1 配方。

5.3　钻井液体系性能评价

5.3.1　流变及滤失性能

针对页岩地层的实际储层温度，设计不同实验温度和加重密度，考察优化后 ADSHALE 钻井液体系在不同密度和温度条件下的流变及滤失性能。流变及滤失性能如表 5-5 所示，钻井液体系老化前后流变性能稳定，黏度适中；体系的动塑比适宜，剪切稀释性良好，能够有效携带页岩岩屑；API 滤失量小于 5.0mL，HTHP 滤失量小于 20.0mL，降滤失性能良好，满足页岩地层钻井技术需要。

表 5-5　ADSHALE 钻井液体系流变及滤失性能测试结果

密度/ (g/cm³)	实验温度/ ℃	AV/ mPa·s	PV/ mPa·s	YP/ Pa	YP/PV	FL_{API}/ mL	FL_{HTHP}/ mL
1.5	22	52.5	40	12.5	0.313	3.1	—
	120	50	38	12	0.316	3.3	15.4
	130	49	36	13	0.361	3.6	15.2
	150	47	35	12	0.343	3.4	16.4
2.0	22	56	42	14	0.333	4.1	—
	120	60	45	15	0.333	4.6	19.4
	130	62	46	16	0.348	4.3	19.6
	150	66	49	17	0.347	4.8	20.2

注：老化时间 16h。

5.3.2　抑制水化分散性能

钻井液体系抑制水化分散性能通过滚动回收率实验进行评价，滚动回收率实验选用的页岩岩屑为中国石油川庆钻探工程有限公司提供的露头样品，体系滚动回收率实验的老化实验条件为 150℃/16h，其实验结果如图 5-5 所示。

通过对比分析可知，露头样品在 150℃/16h 实验条件下去离子水中的滚动回收率仅为 8.65%，在 ADSHALE 钻井液体系中滚动回收率可达 96.65%，ADMOS 抑制剂可以显著提高钻井液体系中页岩岩屑的滚动回收率。

5.3.3　抑制水化膨胀性能

钻井液体系抑制水化膨胀性能通过线性膨胀实验进行评价，取钻井液用钠基膨润土样品 10~15g，放入圆柱形岩心压制筒中，在 10MPa 条件下压制 10min，

99

利用线性膨胀仪测试人造岩心在不同钻井液体系中的线性膨胀率，实验结果如图 5-6 所示。

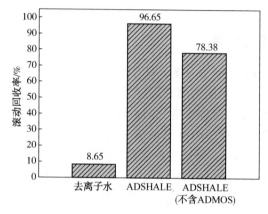

图 5-5　钻井液体系滚动回收率实验结果

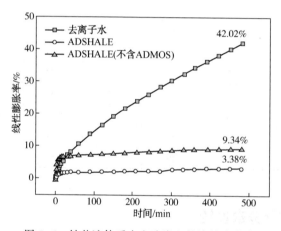

图 5-6　钻井液体系中人造岩心的线性膨胀率

钠基膨润土在去离子水中人造岩心的线性膨胀率高达 42.02%（480min），且膨胀速率较快、初始膨胀率较大；对比未加入 ADMOS 抑制剂的 ADSHALE 体系中人造岩心的线性膨胀率与加入 1.0% ADMOS 抑制剂的 ADSHALE 体系中人造岩心的线性膨胀率，可以看出未加入 ADMOS 抑制剂体系中人造岩心的线性膨胀率为 9.34%，而加入 ADMOS 抑制剂体系中人造岩心的线性膨胀率仅为 3.38%，说明 ADMOS 抑制剂的加入有效增强了体系抑制水化膨胀的性能。

5.3.4　疏水性能

将页岩样品放入不同钻井液体系中浸泡 16h，取出后烘干得到改性页岩样品，测量去离子水在改性页岩样品表面接触角的变化，实验结果如图5-7所示（图中接触角结果中，1代表原始页岩，2代表聚胺体系浸泡改性岩心，3代表甲酸盐体系浸泡改性岩心，4代表ADMOS钻井液体系浸泡改性岩心）。

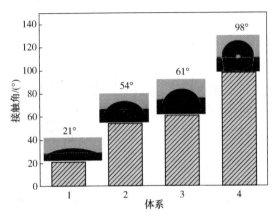

图5-7 页岩在不同钻井液体系中浸泡后的接触角（150℃/16h）

由图5-7可知，去离子水在原始页岩岩心样品上的接触角为21°，经过聚胺、甲酸盐和ADMOS抑制剂钻井液体系浸泡改性后的接触角分别上升为54°、61°和98°，ADMOS抑制剂在页岩表面吸附后能显著增强页岩表面的疏水性，这是由于ADMOS抑制剂吸附后形成一层聚合物疏水膜，其阻止了水分子的吸附，抑制了黏土的水化能力。

5.3.5 抗压强度性能

页岩强度对井壁的稳定性产生一定的影响，在钻井过程中，页岩的强度越低，越有可能在钻井过程中发生井壁垮塌等事故，反之，页岩强度越大，抗压能力越强，井壁越稳定。因此，要考虑钻井液对页岩抗压强度的影响。

以四川盆地目标区块龙马溪组页岩为研究对象，截取页岩样品尺寸为25mm×50mm，开展单轴抗压强度实验。将页岩样品放入不同钻井液体系中浸泡，至页岩样品自发渗吸至质量不再变化，取出后放入电子万能试验机（型号为UTM5105X）中，设定轴向变形速度为0.0019mm/s，测试岩心的抗压强度。所测岩心抗压强度实验结果如图5-8所示。

龙马溪组原始页岩样品的抗压强度为78MPa，页岩样品层理裂缝发育，脆性矿物含量高，黏土矿物含量低，且富含干酪根等有机质，有机质与其他矿物间存在明显的弱面，因此抗压强度不高。经去离子水作用后，页岩样品的抗压强度降低为31MPa，抗压强度下降了60.26%；而将页岩岩心分别浸泡在ADSHALE、硅酸盐和聚胺钻井液体系中，并分别在100℃、150℃条件下老化16h，页岩样品的

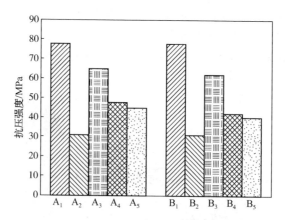

图5-8　页岩岩心抗压强度实验结果(100℃、150℃/16h)

注：$A_1 \sim A_5$ 为100℃条件下老化，$B_1 \sim B_5$ 为150℃条件下老化。

其中：A_1 为原始岩心；A_2 为去离子水；A_3 为 ADSHALE 钻井液体系；

A_4 为硅酸盐钻井液体系；A_5 为聚胺钻井液体系。

抗压强度分别降低为 65MPa、48MPa、45MPa(100℃)；62MPa、42MPa、40MPa (150℃)。由实验结果可知，龙马溪组原始页岩样品在 ADSHALE 钻井液体系中抗压强度下降率最小(100℃、150℃的下降率分别为 16.67%、20.51%)，说明 ADSHALE 钻井液体系抑制页岩黏土矿物水化的能力更强，能够有效降低水化应力，减缓页岩原始强度的下降。

5.3.6　封堵性能

采用中压砂床实验研究 ADSHALE 钻井液体系的封堵性能，将 40~60 目砂填装在封堵仪中，分别取老化后的 ADSHALE 钻井液、硅酸盐钻井液和聚胺钻井液 (150℃/16h、未加重)200mL 加入封堵仪中，在 0.69MPa 下测量钻井液对砂床的渗透影响，实验时间为 30min。

由图 5-9 可知，ADSHALE 钻井液体系在 150℃条件下老化后中压砂床实验侵入深度为 28.0mm，聚胺钻井液体系在 150℃条件下老化后中压砂床实验侵入深度为 75.0mm，硅酸盐钻井液体系在 150℃条件下老化后中压砂床实验侵入深度为 31.0mm。由实验结果可知，ADSHALE 钻井液体系可减小钻井液侵入砂床的深度，具有较好的封堵作用。

5.3.7　抗污染性能

钻头在切削地层的过程中会产生岩屑，岩屑不可避免地进入钻井液中，岩屑的水化分散则对钻井液的流变性造成致命的影响。钻井液体系抗污染性能评价见表 5-6。

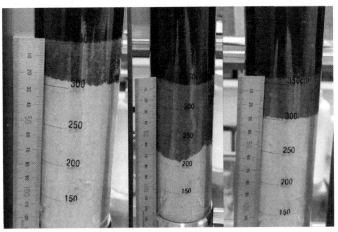

(a)ADSHALE体系　　　　(b)聚胺体系　　　(c)硅酸盐体系

图 5-9　150℃老化后钻井液中压砂床实验

表 5-6　钻井液体系抗污染性能评价

劣土浓度/%	实验条件	AV/mPa·s	PV/mPa·s	YP/Pa	YP/PV	FL_{API}/cm^3	滚动回收率/%
0	老化前	52.5	40	12.5	0.313	3.1	—
	老化后	47.0	35	12.0	0.343	3.4	96.65
5.0	老化前	54.0	42	12.0	0.286	3.2	—
	老化后	56.0	43	13.0	0.302	3.6	93.80
10.0	老化前	55.5	50	5.5	0.110	3.8	—
	老化后	56.0	49	7.0	0.143	4.2	93.60
15.0	老化前	58.0	50	8.0	0.160	4.5	—
	老化后	60.0	51	9.0	0.176	4.6	92.20

注：老化温度150℃，时间16h。

钻井液体系抗污染实验所用劣土样品为四川盆地露头泥页岩，将其粉碎后过100目筛并烘干，考察其对 ADSHALE 钻井液体系整体性能的影响。选取 5%、10% 和 15%（质量分数）劣质土加入钻井液体系中，钻井液体系的黏度上升，动塑比下降，滚动回收率下降，滤失量基本保持稳定，说明ADMOS钻井液体系能够有效抑制黏土造浆，具有良好的抑制性能和抗劣质土性能。

5.3.8　钻井液沉降稳定性

在钻井过程中，需要时刻保持钻井液整体性能的稳定。例如在接单根、起下钻时，如果钻井液体系失去稳定性，则会造成起下钻困难、需要极大的泵压、井壁因失去密度支撑而失稳等钻井液事故。配制不同密度的水基钻井液 ADSHALE 体系(密度 $1.5g/cm^3$、$2.0g/cm^3$，150℃/16h 老化)，记录量筒中静置 24h 后的上、下层密度差，判断其沉降稳定性。结果如图 5-10 所示。

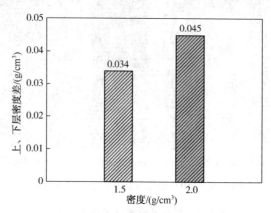

图 5-10　钻井液体系沉降稳定性分析结果

经过 24h 静置后，加重至 $1.5g/cm^3$、$2.0g/cm^3$ 的 ADSHALE 钻井液体系的上、下层密度差均小于 $0.05g/cm^3$，证明该体系具有良好的沉降稳定性。

5.4　与其他钻井液体系综合性能对比

参照胜利油田和中原油田现场钻井液配方，配制了不同抑制性钻井液体系，采用室内模拟实验对有机硅酸盐聚合物抗高温强抑制水基钻井液配方进行性能评价。配制体系所用处理剂由中海油服油田化学事业部、山东聚鑫化工有限公司和山东得顺源石油科技有限公司提供，不同配方钻井液的流变及滤失性能参数测试结果见表 5-7，模拟实验的配方如下所示：

1. ADSHALE 钻井液配方

4.0%膨润土基浆+0.1% FA-367+0.5% CMJ-2+0.5% PAC-LV+2.0% NP-1+2.0%乳化沥青(O 型)+1.0% ADMOS+重晶石($1.5g/cm^3$)。

2. 聚胺水基钻井液配方

4.0%膨润土基浆+0.5% SDB+1.0% PAC-LV+0.3% PAC-LV+3.0%聚胺抑制剂+3.0% SD 506(加重至 $1.5g/cm^3$)。

3. 纳米封堵钻井液配方

4.0%基浆+0.1% FA-367+0.5% CMJ-2+1.0% PAC-LV+0.5% AP-1+2.0% NSP-1(实验室自制纳米封堵剂)+2.0%乳化沥青(W 型)(加重至 $1.5g/cm^3$)。

4. KCl/聚合物水基钻井液配方

4.0%膨润土浆＋0.2% KPAM＋KOH（调节体系 pH＝9）＋3.0% FT－1＋3.0% SPNH＋3.0% SMP－1＋0.5% DSP－2＋2.0% NS－1＋1.0% AP－1＋5.0% KCl（加重至 1.5g/cm³）。

表 5-7　不同配方钻井液的流变及滤失性能参数测试结果

配方	测试条件	AV/ mPa·s	PV/ mPa·s	YP/ Pa	YP/PV	FL_{API}/ mL	FL_{HTHP}/ mL	滚动 回收率/%
1	老化前	52.5	40.0	12.5	0.313	3.1	—	—
	老化后	47.0	35.0	12.0	0.343	3.4	16.4	96.65
2	老化前	50.0	36.0	14.0	0.389	6.8	—	—
	老化后	58.0	45.0	13.0	0.289	7.2	24.0	90.90
3	老化前	46.5	36.0	10.5	0.292	6.0	—	—
	老化后	52.0	40.5	11.5	0.284	5.0	23.8	88.70
4	老化前	46.0	37.0	9.0	0.243	8.0	—	—
	老化后	51.5	42.0	9.5	0.226	4.4	28.8	86.70

注：老化温度150℃，时间16h。

由表 5-7 可知，ADMOS钻井液体系中岩屑滚动回收率最高，滤失量最小，黏切（黏度和切力）较合适，综合性能优于其他钻井液体系。

5.5　本章小结

（1）在单剂优选的基础上，以新研制的有机硅酸盐聚合物抑制剂ADMOS为核心，构建了抗高温强抑制水基钻井液体系，优化的配方为：4.0%膨润土基浆＋0.1% FA－367＋0.5% CMJ－2＋0.5% PAC－LV＋2.0% NP－1＋2.0% 乳化沥青（O型）＋1.0% ADMOS＋重晶石（1.5g/cm³）。

（2）在构建的ADMOS钻井液体系中，经150℃/16h 浸泡滚动后的岩屑回收率达96.65%，人造岩心的线性膨胀率为3.38%，API 滤失量小于5.0mL，HTHP 滤失量小于20.0mL，抗劣土污染质量分数15%。

（3）ADMOS钻井液体系抑制黏土水化分散和水化膨胀的能力显著优于油田现有的抑制剂钻井液体系，同时具有抗污染、降滤失、增强抗压强度、封堵页岩微裂缝的作用。

参 考 文 献

［1］王中华. 页岩气水平井钻井液技术的难点及选用原则［J］. 中外能源，2012，17（04）：43-47.

［2］邹才能，杨智，何东博，等. 常规-非常规天然气理论、技术及前景［J］. 石油勘探与开发，2018，45（04）：575-587.

［3］赵全民，张金成，刘劲歌. 中国页岩气革命现状与发展建议［J］. 探矿工程（岩土钻掘工程），2019，46（08）：1-9.

［4］邹才能，赵群，董大忠，等. 页岩气基本特征、主要挑战与未来前景［J］. 天然气地球科学，2017，28（12）：1781-1796.

［5］董大忠，施振生，管全中，等. 四川盆地五峰组—龙马溪组页岩气勘探进展、挑战与前景［J］. 天然气工业，2018，38（04）：67-76.

［6］董大忠，王玉满，李新景，等. 中国页岩气勘探开发新突破及发展前景思考［J］. 天然气工业，2016，36（01）：19-32.

［7］ZEYNALI M E. Mechanical and physico-chemical aspects of wellbore stability during drilling operations［J］. J Petrol Sci Eng，2012，4（82）：120-124.

［8］TAN C，RAHMAN S，RICHARDS B，et al. Integrated approach to drilling fluid optimisation for efficient shale instability management；proceedings of the SPE International Oil and Gas Conference and Exhibition in China，F［C］. Society of Petroleum Engineers，1998.

［9］刘锟. 硬脆性页岩水化控制方法研究［D］. 成都：西南石油大学，2014.

［10］石秉忠，夏柏如. 硬脆性泥页岩水化过程的微观结构变化［J］. 大庆石油学院学报，2011，35（06）：28-34+124.

［11］石秉忠，夏柏如，林永学，等. 硬脆性泥页岩水化裂缝发展的 CT 成像与机理［J］. 石油学报，2012，33（01）：137-142.

［12］高莉，张弘，蒋官澄，等. 鄂尔多斯盆地延长组页岩气井壁稳定钻井液［J］. 断块油气田，2013，20（04）：508-512.

［13］康毅力，陈强，游利军，等. 钻井液作用下页岩破裂失稳行为试验［J］. 中国石油大学学报（自然科学版），2016，40（04）：81-89.

［14］TAN C P，WU B，MODY F K，et al. Development and laboratory verification of high membrane efficiency water-based drilling fluids with oil-based drilling fluid-like performance in shale stabilization；proceedings of the SPE/ISRM Rock Mechanics Conference，F［C］. Society of Petroleum Engineers，2002.

［15］BARATI P，SHAHBAZI K，KAMARI M，et al. Shale hydration inhibition characteristics and mechanism of a new amine-based additive in water-based drilling fluids［J］. Petroleum，2017，3（4）：476-482.

[16] 刘音，崔远众，张雅静，等. 钻井液用页岩抑制剂研究进展[J]. 石油化工应用，2015，34(7)：7-10.

[17] 顾雪凡，王棚，高龙，等. 我国天然高分子基钻井液体系研究进展[J]. 西安石油大学学报：自然科学版，2020，5(5)：20-26.

[18] 钟汉毅，邱正松，黄维安，等. 胺类页岩抑制剂特点及研究进展[J]. 石油钻探技术，2010，38(1)：104-108.

[19] 鲁娇，方向晨，王安杰，等. 国外聚胺类钻井液用页岩抑制剂开发[J]. 现代化工，2012，2012(04)：1-5.

[20] ZHONG H, QIU Z, SUN D, et al. Inhibitive properties comparison of different polyetheramines in water-based drilling fluid[J]. J Nat Gas Sci Eng, 2015, 26：99-107.

[21] ZHANG S, SHENG J J, QIU Z. Maintaining shale stability using polyether amine while preventing polyether amine intercalation[J]. Appl Clay Sci, 2016, 7(132)：635-640.

[22] 温杰文，陈丽萍. 有机硅-胺类聚合物抑制剂的制备与性能研究[J]. 钻采工艺，2020，43(2)：115-118.

[23] 郭文宇，彭波. 聚醚胺页岩抑制剂的性能评价及现场应用[J]. 精细石油化工，2017，34(3)：48-52.

[24] ZHONG H, QIU Z, TANG Z, et al. Study of 4, 4'-methylenebis-cyclohexanamine as a high temperature-resistant shale inhibitor[J]. J Mater Sci, 2016, 51(16)：7585-7597.

[25] AN Y, YU P. A strong inhibition of polyethyleneimine as shale inhibitor in drilling fluid[J]. J Petrol Sci Eng, 2018, 6(161)：1-8.

[26] GUANCHENG J, YOURONG Q, YUXIU A, et al. Polyethyleneimine as shale inhibitor in drilling fluid[J]. Appl Clay Sci, 2016, 4(127)：70-77.

[27] 宣扬，蒋官澄，宋然然，等. 超支化聚乙烯亚胺作为钻井液页岩抑制剂研究[J]. 中国石油大学学报(自然科学版)，2017，41(6)：178-186.

[28] 马京缘，潘谊党，于培志，等. 近十年国内外页岩抑制剂研究进展[J]. 油田化学，2019，9(1)：34-39.

[29] 都伟超，孙金声，蒲晓林，等. 国内外黏土水化抑制剂研究现状与发展趋势[J]. 化工进展，2018，37(10)：4013-4021.

[30] 钟汉毅，高鑫，邱正松，等. 树枝状聚合物在钻井液中的应用研究进展[J]. 钻井液与完井液，2019，36(4)：397-406.

[31] 夏海英，兰林，杨丽，等. 强抑制钻井液体系研究及现场应用[J]. 钻井液与完井液，2019，36(4)：427-430.

[32] BRIGATTI M F, GALáN E, THENG B K G. Chapter 2-Structure and Mineralogy of Clay Minerals[M]//BERGAYA F, LAGALY G. Developments in Clay Science. Elsevier. 2013, 21-81.

［33］CHOO K Y，BAI K. Effects of bentonite concentration and solution pH on the rheological properties and long－term stabilities of bentonite suspensions［J］. Appl Clay Sci，2015，8（108）：182-190.

［34］沈钟，赵振国，王果庭. 胶体与表面化学［M］. 北京：化学工业出版社，2012.

［35］WILSON M J，WILSON L，PATEY I. The influence of individual clay minerals on formation damage of reservoir sandstones：a critical review with some new insights［J］. Clay Minerals，2014，49（2）：147-164.

［36］VELBEL M A，BARKER W W. Pyroxene weathering to smectite：conventional and cryo－field emission scanning electron microscopy，Koua Bocca ultramafic complex，Ivory Coast［J］. Clays and Clay Minerals，2008，56（1）：112-127.

［37］HAILE B G，HELLEVANG H，AAGAARD P，et al. Experimental nucleation and growth of smectite and chlorite coatings on clean feldspar and quartz grain surfaces［J］. Marine and Petroleum Geology，2015，3（68）：664-674.

［38］MONDAL D，MOLLICK M M R，BHOWMICK B，et al. Effect of poly（vinyl pyrrolidone）on the morphology and physical properties of poly（vinyl alcohol）/sodium montmorillonite nanocomposite films［J］. Progress in Natural Science：Materials International，2013，23（6）：579-587.

［39］NORRISH K. The Swelling of Montmorillonite［J］. Discussions of the Faraday Society，1954，6（2）：10-18.

［40］HUNTER R. Zeta potential in colloid science：principles and applications/Robert J. Hunter［J］. SERBIULA（sistema Librum 20），1981，3（8）：60-66.

［41］KHEZRIAN M，HAJIDAVALLOO E，SHEKARI Y. Modeling and simulation of under－balanced drilling operation using two－fluid model of two－phase flow［J］. Chemical Engineering Research and Design，2015，7（93）：30-37.

［42］SHEKARI Y，HAJIDAVALLOO E，BEHBAHANI-NEJAD M. Reduced order modeling of transient two-phase flows and its application to upward two-phase flows in the under-balanced drilling［J］. Applied Mathematics and Computation，2013，9（12）：217-224.

［43］GAO C H. A Survey of Field Experiences with Formate Drilling Fluid［J］. Spe Drill Completion，2019，34（4）：450-457.

［44］王中华. 国内钻井液技术进展评述［J］. 石油钻探技术，2019，3（3）：95-102.

［45］韩子轩. 合成基钻井液流型调节剂的研制及其作用机理［J］. 钻井液与完井液，2015，37（2）：148-152.

［46］史赫，蒋官澄，王国帅，等. 恒流变合成基钻井液关键机理研究［J］. 钻井液与完井液，2020，37（1）：31-37.

［47］ LI L, MA C, XU X, et al. Novel plugging agent for oil-based drilling fluids to overcome the borehole instability problem in shale formations［C］. Proceedings of the IOP Conf Ser Mater Sci Eng, F, 2019.

［48］ JASSIM L, YUNUS R, RASHID U, et al. Synthesis and optimization of 2-ethylhexyl ester as base oil for drilling fluid formulation［J］. Chemical Engineering Communications, 2016, 203 (4): 463-470.

［49］ FERNANDES R R, ANDRADE D E, FRANCO A T, et al. Correlation between the gel-liquid transition stress and the storage modulus of an oil-based drilling fluid［J］. Journal of Non-Newtonian Fluid Mechanics, 2016, 7(12): 226-231.

［50］ CHU Q, LIN L, SU J. Amidocyanogen silanol as a high-temperature-resistant shale inhibitor in water-based drilling fluid［J］. Appl Clay Sci, 2020, 3(9): 179-184.

［51］ 孙金声, 黄贤斌, 吕开河, 等. 提高水基钻井液高温稳定性的方法、技术现状与研究进展［J］. 中国石油大学学报: 自然科学版, 2019, 43(5): 73-81.

［52］ 孙金声, 刘敬平, 刘勇. 国内外页岩气井水基钻井液技术现状及中国发展方向［J］. 钻井液与完井液, 2016, 33(5): 1-8.

［53］ 王中华. 国内外超高温高密度钻井液技术现状与发展趋势［J］. 石油钻探技术, 2011, 39 (2): 1-7.

［54］ SUN J, CHANG X, ZHANG F, et al. Salt-responsive zwitterionic polymer brush based on modified silica nanoparticles as a fluid-loss additive in water-based drilling fluids［J］. Energ Fuel, 2020, 34(2): 1669-1679.

［55］ AMER A, DEARING H, JONES R, et al. Drilling through salt formations: A drilling fluids review; proceedings of the SPE Deepwater Drilling and Completions Conference, F［C］. Society of Petroleum Engineers, 2016.

［56］ KARPINSKI B, SZKODO M. Clay Minerals - Mineralogy and Phenomenon of Clay Swelling in Oil & Gas Industry［J］. Advances in Materials Science, 2015, 15(1): 70-75.

［57］ LIU X D, LU X C. A Thermodynamic Understanding of Clay log welling Inhibition by Potassium Ions［J］. Angewandte Chemie International Edition, 2006, 45(38): 6300-6313.

［58］ 张洁, 蔡丹, 陈刚, 等. 多胺型泥页岩抑制剂对黏土水化膨胀的抑制性能评价［J］. 天然气工业, 2014, 34(6): 85-90.

［59］ 都伟超. 黏土水化抑制剂 Gemini-DHEDB 和 PDWC 的合成及作用机理研究［D］. 成都: 西南石油大学, 2017.

［60］ 谢刚. 黏土矿物表面水化抑制作用机理研究［D］. 成都: 西南石油大学, 2017.

［61］ 张志军, 刘炯天, 冯莉, 等. 基于 Langmuir 理论的平衡吸附量预测模型［J］. 东北大学学报(自然科学版), 2011, 32(05): 749-751, 56.

［62］钟汉毅，邱正松，黄维安，等. 胺类页岩抑制剂特点及研究进展［J］. 石油钻探技术，2010，（01）：104-108.

［63］潘一，廖松泽，杨双春，等. 耐高温聚胺类页岩抑制剂的研究现状［J］. 化学进展，2020，039(002)：686-695.

［64］谢刚，罗平亚，邓明毅，等. 一种适用于页岩气水平井的烷基双子季铵盐［P］.

［65］张国，刘贵传，徐江，等. 一种钻井液用聚胺强抑制剂及制备方法［P］.

［66］王中华，WANGZHONGHUA. 关于聚胺和"聚胺"钻井液的几点认识［J］. 中外能源，2012，17(11)：36-42.

［67］储政. 国内聚胺类页岩抑制剂研究进展［J］. 能源化工，2012，33(2)：1-5.

［68］屈沅治. 新型胺基抑制剂的研究（Ⅰ）——分子结构设计与合成［J］. 钻井液与完井液，2010，（01）：1-3.

［69］LEI M，HUANG W，SUN J，et al. Synthesis of carboxymethyl chitosan as an eco-friendly amphoteric shale inhibitor in water-based drilling fluid and an assessment of its inhibition mechanism［J］. Appl Clay Sci, 2020, 9(6)：188-193.

［70］LUO Z，WANG L，YU P，et al. Experimental study on the application of an ionic liquid as a shale inhibitor and inhibitive mechanism［J］. Appl Clay Sci, 2017, 3(9)：147-150.

［71］SHADIZADEH S R，MOSLEMIZADEH A，DEZAKI A S. A novel nonionic surfactant for inhibiting shale hydration［J］. Applied Clay ence, 2015, 118(12)：74-86.

［72］BARATI P，KESHTKAR S，AGHAJAFARI A，et al. Inhibition performance and mechanism of Horsetail extract as shale stabilizer［J］. Petrol Explor Dev+, 2016, 43(3)：522-527.

［73］ZHANG F，SUN J，CHANG X，et al. A Novel Environment-Friendly Natural Extract for Inhibiting Shale Hydration［J］. Energ Fuel, 2019, 33(8)：7118-7126.

［74］谢刚，肖玉容，邓明毅，等. 一种超支化聚醚胺环保页岩抑制剂及其制备方法和水基钻井液［P］.

［75］张海冰，邓明毅，马喜平，等. 端氨基超支化聚合物泥页岩抑制剂的合成与性能评价［J］. 石油化工，2016，45(9)：1081-1086.

［76］FERREIRA C C，TEIXEIRA G T，LACHTER E R，et al. Partially hydrophobized hyperbranched polyglycerols as non-ionic reactive shale inhibitors for water-based drilling fluids［J］. Appl Clay Sci, 2016, 4(9)：132-133.

［77］杨小华. 国内近5年钻井液处理剂研究与应用进展［J］. 油田化学，2009，26(2)：210-217.

［78］张琰，陈铸. 新型抑制性钻井液的研究［J］. 地质与勘探，2000，36(2)：80-84.

［79］王中华. 2011~2012年国内钻井液处理剂进展评述［J］. 中外能源，2013，2(10)：10-15.

［80］李茜. 水基钻井液防塌抑制剂及作用机理研究［D］. 成都：西南石油大学，2014.

［81］BAI X，WANG H，LUO Y，et al. The structure and application of amine-terminated hyperbranched polymer shale inhibitor for water-based drilling fluid[J]. J Appl Polym Sci, 2017, 6 (2): 45-48.

[82] YE Z, FENG M, GOU S, et al. Hydrophobically associating acrylamide-based copolymer for chemically enhanced oil recovery[J]. Journal of Applied Polym ence, 2013, 130(4): 19-24.

[83] ANDERSON R, RATCLIFFE I, GREENWELL H, et al. Clay swelling—a challenge in the oil-field[J]. Earth-Science Reviews, 2010, 98(3-4): 201-216.

[84] SUTER J, COVENEY P, ANDERSON R, et al. Rule based design of clay-swelling inhibitors [J]. Energy & Environmental Science, 2011, 4(11): 4572-4586.

[85] 屈沅治. 新型胺基抑制剂的研究(Ⅰ)——分子结构设计与合成[J]. 钻井液与完井液, 2010, 3(1): 1-3.

[86] HODDER M, CLIFFE S, GREENWELL C, et al. Clay Swelling inhibitors-computer design and validation; proceedings of the AADE Fluids Conference and Exhibition held at the Hilton Houston North, Houston, Texas[C]. 2010, 6(7): 200-205.

[87] AHMED H M, KAMAL M S, AL-HARTHI M. Polymeric and low molecular weight shale inhibitors: A review[J]. Fuel, 2019, 3(251): 187-217.

[88] XU Y, YIN H, YUAN S, et al. Film morphology and orientation of amino silicone adsorbed onto cellulose substrate[J]. Appl Surf Sci, 2009, 255(20): 8435-8442.

[89] KRUMPFER J W, MCCARTHY T J. Rediscovering Silicones: "Unreactive" Silicones React with Inorganic Surfaces[J]. Langmuir, 2011, 27(18): 514-519.

[90] CHU Q, LUO P, ZHAO Q, et al. Application of a new family of organosilicon quadripolymer as a fluid loss additive for drilling fluid at high temperature[J]. J Appl Polym Sci, 2013, 128 (1): 28-40.

[91] 罗霄. 抗温耐盐共聚物降滤失剂及抑制剂的合成与性能研究[D]. 成都: 西南石油大学, 2014.

[92] 罗霄, 都伟超, 蒲晓林, 等. 抗高温有机硅-胺类抑制剂的研制与性能研究[J]. 油田化学, 2016, 33(04): 575-580.

[93] LIU X D, LU X C. A thermodynamic understanding of clay-swelling inhibition by potassium ions[J]. Angewandte Chemie International Edition, 2006, 45(38): 6300-6303.

[94] LUO Y-R. Comprehensive handbook of chemical bond energies[M]. CRC press, 2007.

[95] 刘大中, 王锦. 物理吸附与化学吸附[J]. 山东轻工业学院学报: 自然科学版, 1999, 13 (2): 22-25.

[96] 张招贵. 有机硅化合物化学[M]. 北京: 化学工业出版社, 2010.

[97] 王秀华, 孙红霞, 刘守华, 等. 有机硅氧烷的水解-缩聚机理研究[J]. 胶体与聚合物, 2006, 24(1): 47-52.

［98］ ZHANG F, SUN J, DAI Z, et al. Organosilicate polymer as high temperature Resistent inhibitor for water-based drilling fluids［J］. J Polym Res, 2020, 27(5)：107-109.

［99］ SUN J, ZHANG F, LV K, et al. A novel film-forming silicone polymer as shale inhibitor for water-based drilling fluids［J］. E-Polymers, 2019, 19(1)：574-578.

［100］ ZHANG F, SUN J, LV K, et al. Development and Evaluation of a novel High-temperature resistant coating flocculant［J］. IOP Conference Series Materials Science and Engineering, 2020, 3(9)：733-737.

［101］ 梁志超, 詹学贵, 单国荣, 等. 硅氧烷的水解-缩聚反应动力学［J］. 高分子通报, 2006, 9(11)：31-35.

［102］ 徐少华, 邓锋杰, 李卫凡, 等. 乙烯基硅烷偶联剂合成方法的研究进展［J］. 有机硅材料, 2007, 21(6)：360-363.

［103］ 罗霄, 都伟超, 蒲晓林, 等. 抗高温有机硅-胺类抑制剂的研制与性能研究［J］. 油田化学, 2016, 33(4)：575-580.

［104］ SMITH W V, EWART R H. Kinetics of Emulsion Polymerization［J］. Journal of Chemical Physics, 1948, 16(6)：592-599.

［105］ ZHAO X, DING X, ZHANG J, et al. PREPARATION AND SURFACE PROPERTIES OF ACRYLATE COPOLYMERLATEX CONTAINING FLUORINE［J］. Acta Polymerica Sinica, 2004, 92(2)：196-200.

［106］ 赵兴顺, 丁小斌, 张军华, 等. 含氟丙烯酸酯共聚乳液及其膜表面特性的研究［J］. 高分子学报, 2004, 1(2)：196-200.

［107］ JIN-SHAN, WANG, KRZYSZTOF, et al. Controlled/"living" radical polymerization. Atom transfer radical polymerization in the presence of transition-metal complexes［J］. Journal of the American Chemical Society, 1995.

［108］ YING, LI, JIAN, et al. The influence of interphase on nylon-6/nano-SiO2 composite materials obtained from in situ polymerization(p981-986)［J］. Polym Int, 2010, 52(6)：981-986.

［109］ 赵福麟. 乳化原油破乳剂［J］. 中国石油大学学报(自然科学版), 1994, (s1)：104-113.

［110］ MING J C, RAMDATT, P. E, et al. Silane curing agents in waterborne coatings：Study of advances in silane technology for emulsion polymers［J］. European Coatings Journal, 1998, 532-537.

［111］ SEFCIK J, RANKIN S E, MCCORMICK A V. Esterification, condensation, and deprotonation equilibria of trimethylsilanol［J］. Journal of Non-Crystalline Solids, 1999, 258(1-3)：187-197.

［112］ BOURNE T R, BUFKIN B G, WILDMAN G C, et al. FEASIBILITY OF USING ALKOXYSI-LANE - FUNCTIONAL MONOMERS FOR THE DEVELOPMENT OF CROSSLINKABLE

EMULSIONS[J]. Journal of Coatings Technology, 1982, 54(684): 69-82.

[113] CHEN M J, OSTERHOLTZ F D, POHL E R, et al. Silanes in high-solids and waterborne coatings[J]. Journal of Coatings Technology, 1997, 69(7): 43-51.

[114] AKIYAMA M, OGAWA T, KITAGAWA A, et al. Silicone-containing aqueous coating composition and method of producing same[M]. US, 2001.

[115] 罗英武, 许华君, 李宝芳. 细乳液聚合制备有机硅/丙烯酸酯乳液及其性能[J]. 化工学报, 2006, 57(012): 2981-2986.

[116] 邢文男, 张爱黎, 卢招弟. 乳液聚合法有机硅丙烯酸制备配方研究[J]. 沈阳理工大学学报, 2015, 34(06): 6-9, 33.

[117] 王燕, 张保利. 丙烯酸有机硅共聚物乳液聚合及性能研究[J]. 涂料工业, 2000.

[118] 郭明, 孙建中, 周其云. 聚硅氧烷/聚丙烯酸酯共聚乳液的合成与表征[J]. 高校化学工程学报, 2002, 16(2): 180-184.

[119] WADA S, IMOTO K, HONDA K. Aqueous dispersion composition and coated articles[M]. US, 2002.

[120] PATEL A D, MCLAURINE H C. Drilling fluid additive and method for inhibiting hydration [M]. US, 1994.

[121] 张孝华. 现代泥浆实验技术[M]. 东营: 石油大学出版社, 1999.

[122] 王蜀燕, 杨坤鹏. 对API钻井液试验标准程序中亚甲基蓝溶液配制公式的校正[J]. 钻井液与完井液, 1988, 12(2): 69-75.

[123] 袁建滨. 黏土中结合水特性及其测试方法研究[D]. 广州: 华南理工大学, 2012.

[124] ERKEKOL S, GUCUYENER I H, KOK M V. An experimental investigation on the chemical stability of selected formation and determination of the proper type of water-base drilling fluids. Part 1. Descriptive tests[J]. Energ Source Part A, 2006, 28(9): 875-883.

[125] KHODJA M, CANSELIER J P, BERGAYA F, et al. Shale problems and water-based drilling fluid optimisation in the Hassi Messaoud Algerian oil field[J]. Appl Clay Sci, 2010, 49(4): 383-393.

[126] OLIVEIRA C I R D, ROCHA M C G, SILVA A L N D, et al. Characterization of bentonite clays from Cubati, Paraíba(Northeast of Brazil)[J]. Cerâmica, 2016, 62(363): 272-277.

[127] 邱正松, 李健鹰, 沈忠厚. 泥页岩水敏性评价新方法——比亲水量法研究[J]. 石油钻采工艺, 1999, (02): 1-6, 112.

[128] 黄维安, 邱正松, 徐加放, 等. 吐哈西部油田井壁失稳机理实验研究[J]. 石油学报, 2007, 03): 116-119, 123.

[129] 赵丽红, 刘温霞, 何北海. 膨润土的有机改性及吸附性能研究[J]. 中国造纸, 2006, (12): 15-18.

[130] 邱正松，暴丹，李佳，等. 井壁强化机理与致密承压封堵钻井液技术新进展[J]. 钻井液与完井液，2018，35(04)：1-6.

[131] 俞杨烽. 富有机质页岩多尺度结构描述及失稳机理[D]. 成都：西南石油大学，2013.

[132] 薛佳. 基于在线红外光谱技术的唑类含能材料精准合成方法研究[D]. 西安：西安石油大学，2020.

[133] MAO H, QIU Z, SHEN Z, et al. Hydrophobic associated polymer based silica nanoparticles composite with core－shell structure as a filtrate reducer for drilling fluid at utra－high temperature[J]. J Petrol Sci Eng, 2015, 6(129)：1-14.

[134] BALABAN R D C, VIDAL E L F, BORGES M R. Design of experiments to evaluate clay swelling inhibition by different combinations of organic compounds and inorganic salts for application in water base drilling fluids[J]. Appl Clay Sci, 2015, 7(9)：105-106.

[135] HUANG W A, LAN Q, QIU Z S, et al. Colloidal Properties and Clay Inhibition of Sodium Silicate in Solution and Montmorillonite Suspension[J]. Silicon, 2016, 8(1)：111-122.

[136] HUANG W-A, QIU Z-S, CUI M-L, et al. Development and evaluation of an electropositive wellbore stabilizer with flexible adaptability for drilling strongly hydratable shales[J]. Petrol Sci, 2015, 12(3)：458-469.

[137] 卜海，徐同台，孙金声，等. 高温对钻井液中黏土的作用及作用机理[J]. 钻井液与完井液，2010，6(02)：28-30，93.

[138] JIANG G C, QI Y R, AN Y X, et al. Polyethyleneimine as shale inhibitor in drilling fluid [J]. Appl Clay Sci, 2016, 8(127)：70-77.

[139] XUAN Y, JIANG G, LI Y, et al. Inhibiting effect of dopamine adsorption and polymerization on hydrated swelling of montmorillonite[J]. Colloids and Surfaces A：Physicochemical and Engineering Aspects, 2013, 3(422)：50-60.

[140] 毛惠，邱正松，黄维安，等. 温度和压力对黏土矿物水化膨胀特性的影响[J]. 石油钻探技术，2013，41(06)：56-61.

[141] 毛惠. 超高温超高密度水基钻井液技术研究[D]. 青岛：中国石油大学(华东)，2017.

[142] ZHANG F, SUN J, CHANG X, et al. A Novel Environment-Friendly Natural Extract for Inhibiting Shale Hydration[J]. Energ Fuel, 2019, 33(AUG.)：7118-7126.

[143] XU J, QIU Z, HUANG W, et al. Preparation and performance properties of polymer latex SDNL in water-based drilling fluids for drilling troublesome shale formations[J]. J Nat Gas Sci Eng, 2017, 5(37)：462-470.

[144] BARAST G, RAZAKAMANANTSOA A-R, DJERAN-MAIGRE I, et al. Swelling properties of natural and modified bentonites by rheological description[J]. Appl Clay Sci, 2017, 7 (142)：60-68.

[145] ZHANG J, LI L, CHEN G, et al. Synthesis and Performance Evaluation of Quaternary Ammonium Salt as Potential Shale Inhibitor[J]. Journal of the Chemical Society of Pakistan, 2015, 37(5): 961-966.

[146] LAI F, LI Z, WEI Q, et al. Experimental investigation of spontaneous imbibition in a tight reservoir with nuclear magnetic resonance testing[J]. Energy & Fuels, 2016, 30(11): 8932-8940.

[147] NI X, LIU Z, WEI J. Quantitative evaluation of the impacts of drilling mud on the damage degree to the permeability of fractures at different scales in coal reservoirs[J]. Fuel, 2019, 2(6): 382-393.

[148] AL-BAZALI T. A Novel Experimental Technique to Monitor the Time-Dependent Water and Ions Uptake when Shale Interacts with Aqueous Solutions[J]. Rock Mechanics and Rock Engineering, 2013, 46(5): 1145-1156.

[149] JAIN R, MAHTO V, SHARMA V P. Evaluation of polyacrylamide-grafted-polyethylene glycol/silica nanocomposite as potential additive in water based drilling mud for reactive shale formation[J]. J Nat Gas Sci Eng, 2015, 6(26): 526-537.

[150] 蔡丹. 油田用小分子抑制剂的合成[D]. 西安: 西安石油大学, 2014.

[151] ZHANG F, SUN J, LV K, et al. Development and Evaluation of a novel High-temperature resistant coating flocculant[J]. IOP Conference Series: Materials Science and Engineering, 2020, 9(9): 728-733.

[152] 邱正松, 钟汉毅, 黄维安. 新型聚胺页岩抑制剂特性及作用机理[J]. 石油学报, 2011, 5(04): 678-682.

[153] 钟汉毅, 邱正松, 黄维安, 等. 聚胺水基钻井液特性实验评价[J]. 油田化学, 2010, 27(02): 119-123.

[154] DHIMAN A S. Rheological properties & corrosion characteristics of drilling mud additives[J]. Halifax: Dalhousie University, 2012, 3(9): 77-82.

[155] SPECIFICATIONS A. 13A Specification for Drilling Fluid Materials[J]. American Petroleum Institute, 1993, 6(12): 35-39.

[156] API R. B-1 Recommended practice standard procedure for field testing water-based drilling fluids[M]. September, 1997.

[157] 丁彤伟, 鄢捷年. 新型水基钻井液抑制剂 FTy 的实验研究[J]. 钻井液与完井液, 2005, 22(06): 13-15.

[158] 林宝辉, 高芒来. MD 膜驱剂的黏土稳定性研究 I. 静态试验[J]. 石油学报(石油加工), 2006, 22(3): 79-84.

[159] KOTEESWARAN S, PASHIN J C, RAMSEY J D, et al. Quantitative characterization of

polyacrylamide-shale interaction under various saline conditions[J]. Petrol Sci, 2017, 14 (3): 586-596.

[160] 赵国玺, 朱步瑶. 表面活性剂作用原理[J]. 日用化学工业信息, 2003, 2(17): 16-20.

[161] 孙德军, 王君, 王立亚, 等. 非离子型有机胺提高钻井液抑制性的室内研究[J]. 钻井液与完井液, 2009, 26(05): 7-9, 87.

[162] 褚奇, 李涛, 刘匡晓, 等. 钻井液有机处理剂吸附性能的测定方法[P].

[163] 黄维安, 邱正松, 徐加放, 等. 超高温抗盐聚合物降滤失剂的研制及应用[J]. 中国石油大学学报(自然科学版), 2011, 35(1): 155-158.

[164] 孙洪良, 朱利中. 表面活性剂改性的螯合剂有机膨润土对水中有机污染物和重金属的协同吸附研究[J]. 高等学校化学学报, 2007, 5(08): 1475-1479.

[165] LIVI S, DUCHET-RUMEAU J, PHAM T-N, et al. A comparative study on different ionic liquids used as surfactants: Effect on thermal and mechanical properties of high-density polyethylene nanocomposites[J]. Journal of Colloid and Interface Science, 2010, 349(1): 424-433.

[166] CIPOLLETTI V, GALIMBERTI M, MAURO M, et al. Organoclays with hexagonal rotator order for the paraffinic chains of the compensating cation. Implications on the structure of clay polymer nanocomposites[J]. Appl Clay Sci, 2014, 5(87): 179-188.

[167] ZHENG X X, JIANG D D, WANG D Y, et al. Flammability of styrenic polymer clay nanocomposites based on a methyl methacrylate oligomerically-modified clay[J]. Polymer Degradation and Stability, 2006, 91(2): 289-297.

[168] MATUSIK J, KLAPYTA Z. Characterization of kaolinite intercalation compounds with benzylalkylammonium chlorides using XRD, TGA/DTA and CHNS elemental analysis[J]. Appl Clay Sci, 2013, 9(3): 83-84.

[169] NGUEMTCHOUIN M G M, NGASSOUM M B, KAMGA R, et al. Characterization of inorganic and organic clay modified materials: An approach for adsorption of an insecticidal terpenic compound[J]. Appl Clay Sci, 2015, 2(104): 110-118.

[170] AN Y, JIANG G, REN Y, et al. An environmental friendly and biodegradable shale inhibitor based on chitosan quaternary ammonium salt[J]. J Petrol Sci Eng, 2015, 6(135): 253-260.

[171] ZHONG H, QIU Z, ZHANG D, et al. Inhibiting shale hydration and dispersion with amine-terminated polyamidoamine dendrimers[J]. J Nat Gas Sci Eng, 2016, 7(28): 52-60.

[172] XIE G, LUO P, DENG M, et al. Intercalation behavior of branched polyethyleneimine into sodium bentonite and its effect on rheological properties[J]. Appl Clay Sci, 2017, 8(141): 95-103.

［173］ ZHONG H, QIU Z, HUANG W, et al. Poly(oxypropylene)-amidoamine modified bentonite as potential shale inhibitor in water-based drilling fluids[J]. Appl Clay Sci, 2012, 3(9): 67-68.

［174］ 刘宏生, 高芒来, 杨莉, 等. 单分子烷基季铵盐改性蒙脱石性能分析[J]. 中国石油大学学报(自然科学版), 2008, 32(4): 136-141.

［175］ XI Y, DING Z, HE H, et al. Structure of organoclays—an X-ray diffraction and thermogravimetric analysis study[J]. Journal of colloid and interface science, 2004, 277(1): 116-120.

［176］ MUELLER R, KAMMLER H K, WEGNER K, et al. OH surface density of SiO2 and TiO2 by thermogravimetric analysis[J]. Langmuir, 2003, 19(1): 160-165.

［177］ 王晓东, 彭晓峰, 陆建峰, 等. 粗糙表面接触角滞后现象分析[J]. 热科学与技术, 2003, (03): 230-234.

［178］ WU S, FIROOZABADI A. Permanent alteration of porous media wettability from liquid-wetting to intermediate gas-wetting[J]. Transport in Porous Media, 2010, 85(1): 189-213.

［179］ SEYYEDI M, SOHRABI M, FARZANEH A. Investigation of rock wettability alteration by carbonated water through contact angle measurements[J]. Energy & Fuels, 2015, 29(9): 5544-5553.

［180］ HUANG W, LI X, QIU Z, et al. Inhibiting the surface hydration of shale formation using preferred surfactant compound of polyamine and twelve alkyl two hydroxyethyl amine oxide for drilling[J]. J Petrol Sci Eng, 2017, 3(2): 159-162.

［181］ XU J-G, QIU Z, ZHAO X, et al. Hydrophobic modified polymer based silica nanocomposite for improving shale stability in water-based drilling fluids[J]. J Petrol Sci Eng, 2017, 6(8): 153-157.

［182］ AN Y, JIANG G, QI Y, et al. High-performance shale plugging agent based on chemically modified graphene[J]. J Nat Gas Sci Eng, 2016, 9(32): 347-355.

［183］ SARIER N, ONDER E, ERSOY S. The modification of Na-montmorillonite by salts of fatty acids: An easy intercalation process[J]. Colloid Surface A, 2010, 371(1-3): 40-49.

［184］ GUO Y, YANG K, ZUO X, et al. Effects of clay platelets and natural nanotubes on mechanical properties and gas permeability of Poly(lactic acid)nanocomposites[J]. Polymer, 2016, 10(83): 246-259.

［185］ CAGLAR B, TOPCU C, COLDUR F, et al. Structural, thermal, morphological and surface charge properties of dodecyltrimethylammonium-smectite composites[J]. Journal of Molecular Structure, 2016, 11(105): 70-79.

［186］ QIU Z, ZHANG S, HUANG W A, et al. A novel aluminum-based shale/mudstone stabilizer and analysis of its mechanism for wellbore stability[J]. Acta Petrolei Sinica, 2014, 35(4):

754-758.

[187] ZHANG S F, QIU Z S, HUANG W A, et al. A Novel Aluminum-based Shale Stabilizer[J]. Petrol Sci Technol, 2013, 31(12): 1275-1282.

[188] 董蕾. 富有机质泥页岩有机质孔隙研究进展[J]. 石化技术, 2016, 4(6): 20-26.

[189] 沈绥, 赵杏媛. 应用^{29}Si 和^{27}Al MASNMR 谱研究黏土结构[J]. 石油勘探与开发, 1996, 2(4): 70-74.

[190] KINTZINGER J P, MARSMANN H. Oxygen-17 and Silicon-29[M]. Springer Berlin Heidelberg, 1981.

[191] SCHMIDT S R, KATTI D R, GHOSH P, et al. Evolution of mechanical response of sodium montmorillonite interlayer with increasing hydration by molecular dynamics[J]. Langmuir the ACS Journal of Surfaces & Colloids, 2005, 21(17): 80-85.

[192] 钟汉毅. 聚胺强抑制剂研制及其作用机理研究[D]. 青岛: 中国石油大学(华东), 2012.

[193] 徐加放, 邱正松, 吕开河. 泥页岩水化-力学耦合模拟实验装置与压力传递实验新技术[J]. 石油学报, 2005, (06): 115-118.

[194] RAMIREZ M, SANCHEZ G, PRECIADO SARMIENTO O, et al. Aluminum-Based HPWBM Successfully Replaces Oil-Based Mud To Drill Exploratory Wells in an Environmentally Sensitive Area; proceedings of the SPE Latin American and Caribbean Petroleum Engineering Conference, F[C], 2005.